1　10までの　かず

＼もんだいを　きちんと　よもう！／

1　えの　かずだけ　◯に　いろを　ぬりましょう。　教 上6〜11ページ

40てん（1つ10）

①

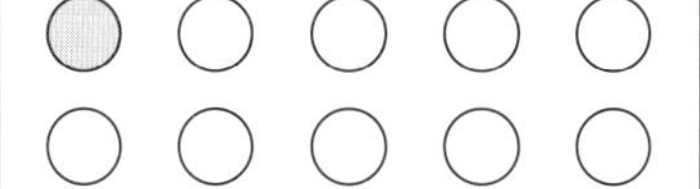

②

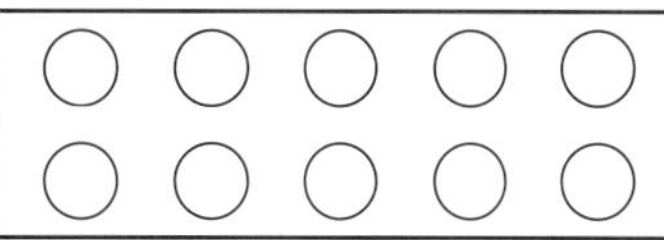

③

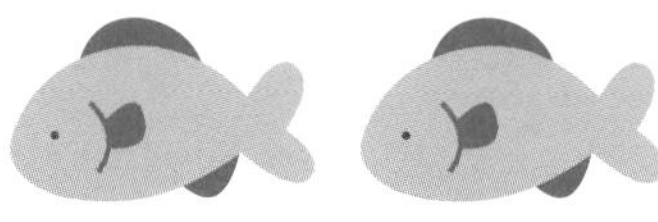

④

［4と　5の　かきかたに　きを　つけましょう。］

2　●の　かずを　すうじで　かきましょう。

教 上6〜11ページ　60てん（1つ5）

●	●●	●●●	●●●●	●●●●●
1	2	3	4	5

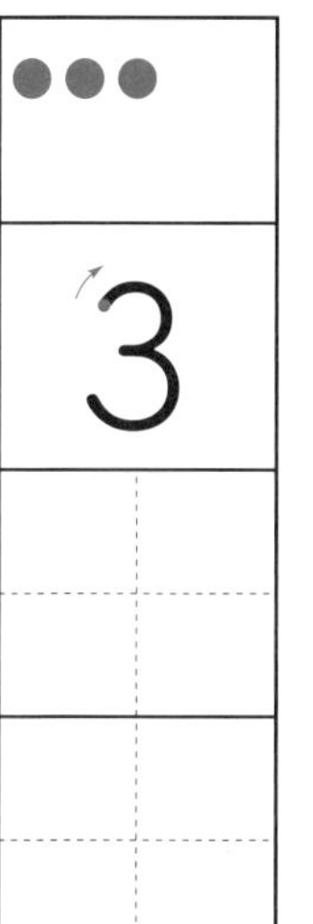

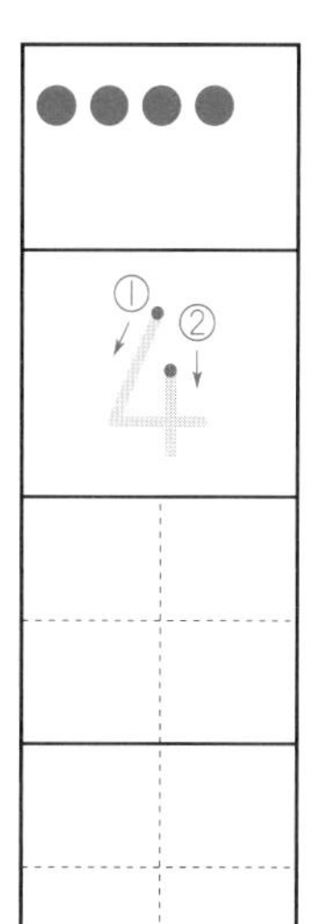

じかん 15ふん　ごうかく 80てん　／100

がつ　にち

サクッと こたえ あわせ
こたえ 81ページ

1　10までの　かず　……(2)

＼もんだいを きちんと よもう！／

1 えと　おなじ　かずの　□や　すうじを　せんで　むすびましょう。教 上12ページ

60てん（1つ10）

① 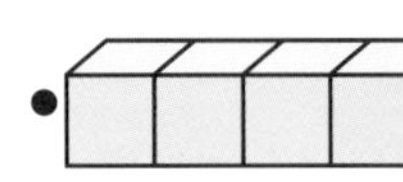 ・　　・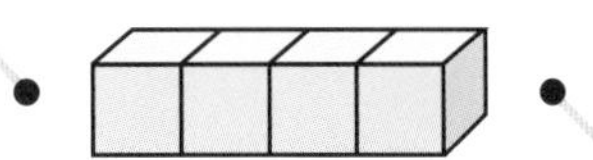・　　・5

② 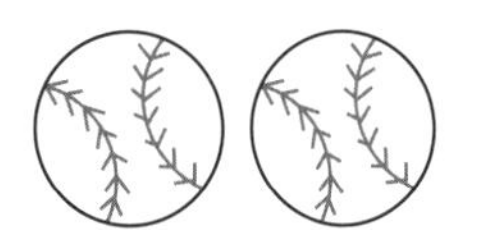 ・　　・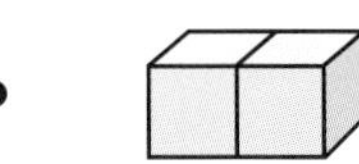・　　・2

③  ・　　・□□・　　・4

2 えの　かずを　すうじで　かきましょう。教 上12〜13ページ

40てん（1つ10）

①  □

②  □

③  □

④  □

きょうかしょ 上12〜13ページ

じかん 15ふん ごうかく 80てん /100

がつ にち

サクッと こたえ あわせ

こたえ 81ページ

1 10までの かず ……(3)

\もんだいを きちんと よもう！/

1 えの かずだけ ○に いろを ぬりましょう。

教 上14～17ページ 40てん(1つ10)

①

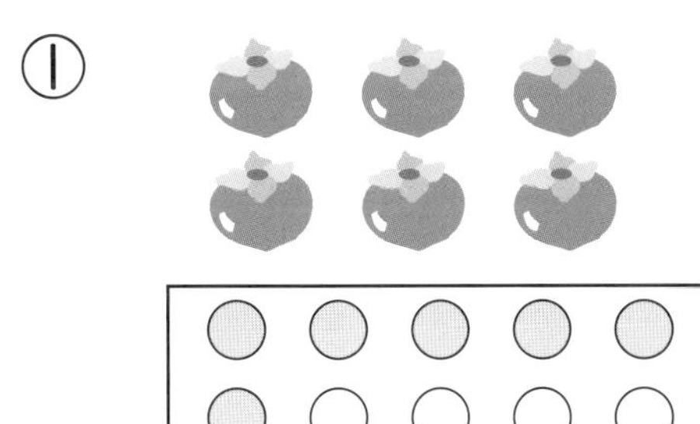

②

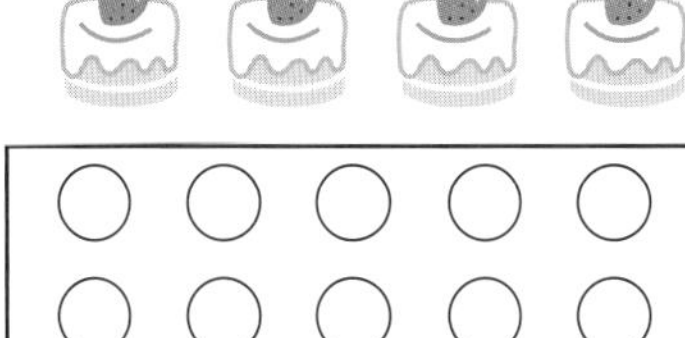

③

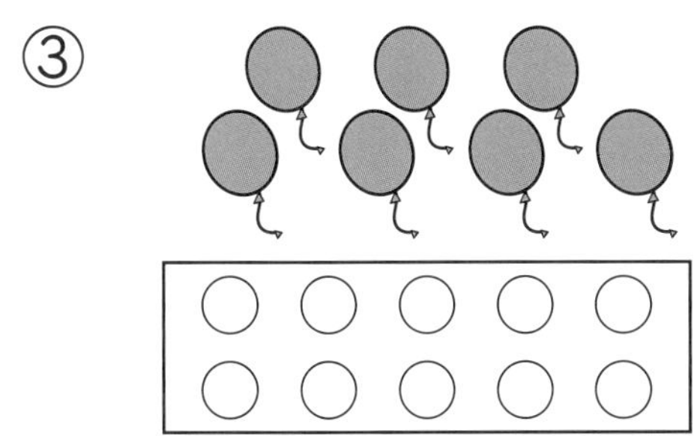

④

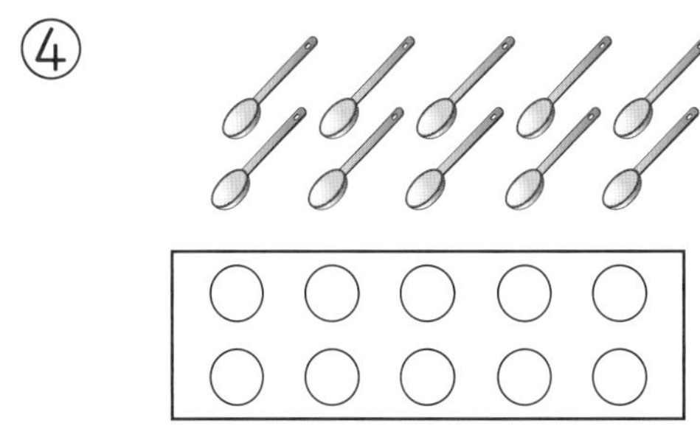

[10は 2つの すうじで できています。]

2 ●の かずを すうじで かきましょう。

教 上14～17ページ 60てん(1つ5)

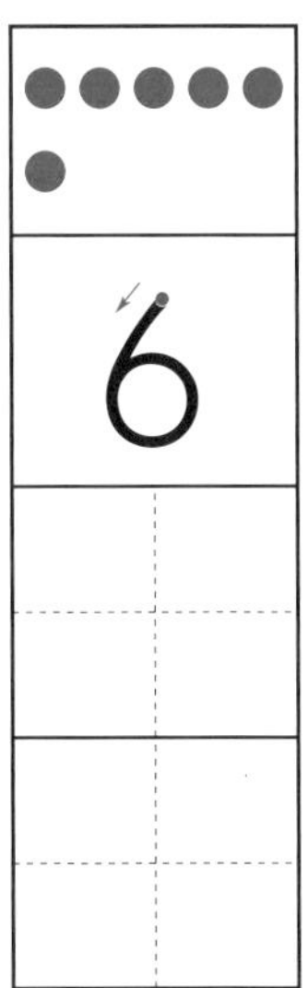

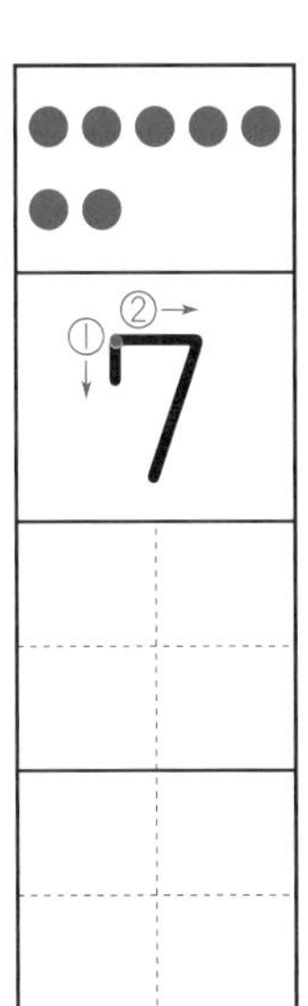

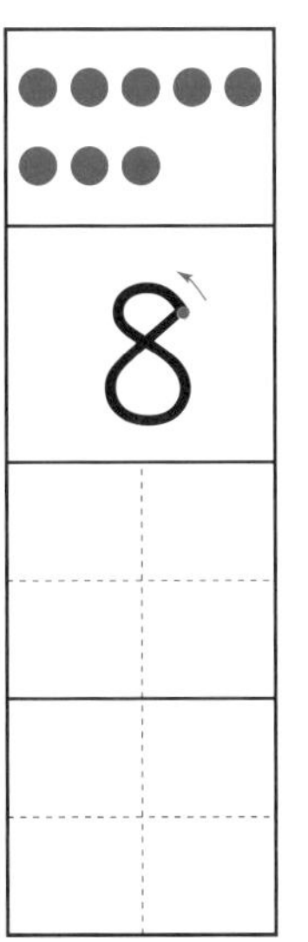

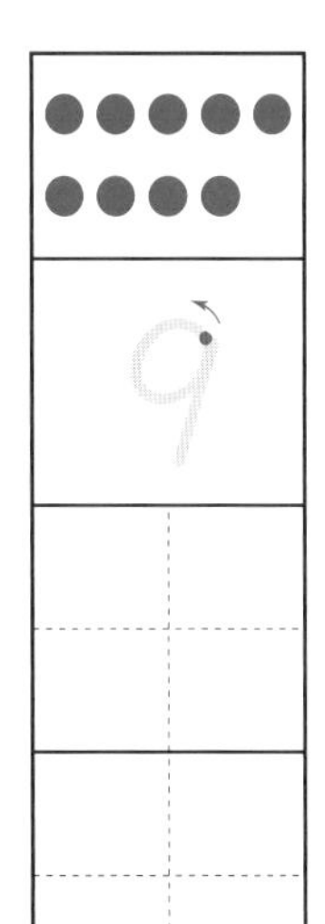

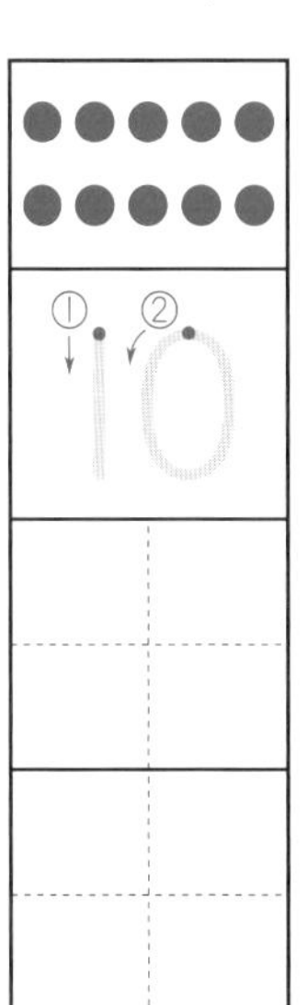

ごうかく 80てん　/100

がつ　にち

サクッと こたえあわせ

こたえ 81ページ

1　10までの　かず　……(4)

\もんだいを きちんと よもう！/

[えに　ゆびを　あてて、こえに　だして　かぞえて　みましょう。]

1 えと　おなじ　かずの　□　や　すうじを　せんで　むすびましょう。 教上18ページ　40てん(1つ10)

① 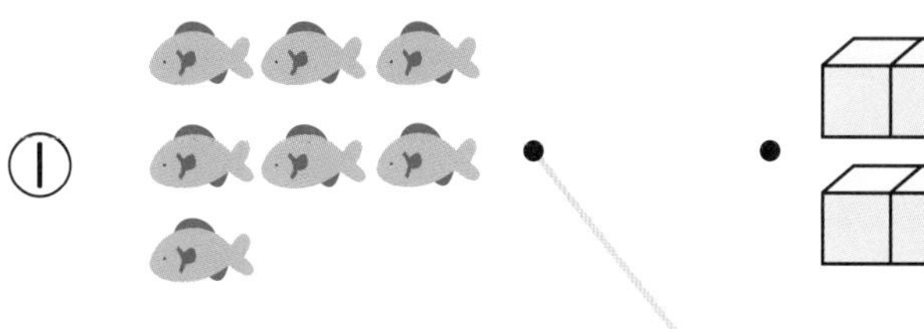

② 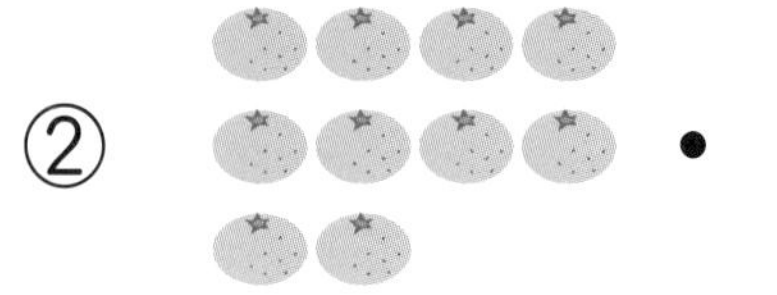

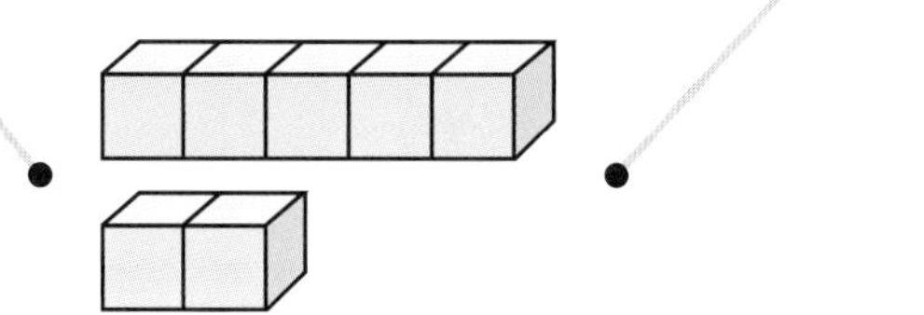

7

10

2 えの　かずを　すうじで　かきましょう。 教上18〜19ページ　30てん(1つ15)

①  □

② 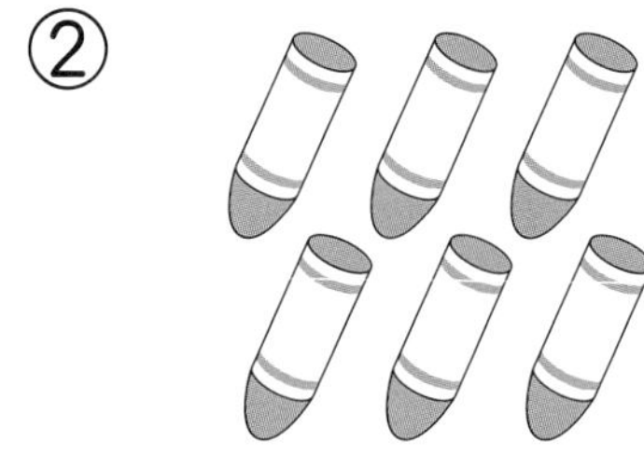 □

[1つも　ない　ことを　「れい」と　いい、「0」と　かきます。]

3 りんごの　かずを　かきましょう。 教上20ページ　30てん(1つ15)

① 

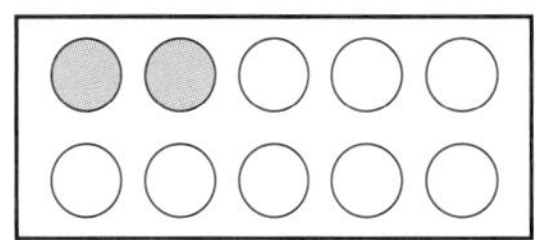  こ

② 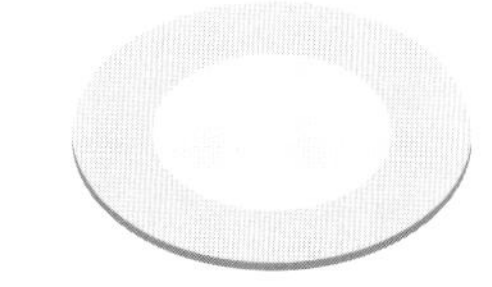

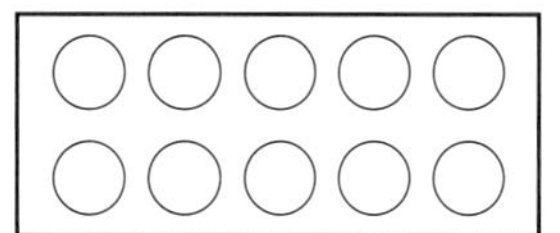 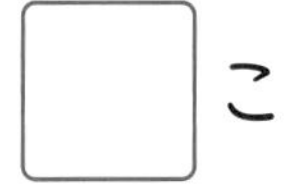 こ

がつ　にち

1　10までの　かず　……(5)

＼もんだいを　きちんと　よもう！／

1　かずの　おおい　ほうや　おおきい　ほうに　○を　つけましょう。　教 上21〜22ページ　30てん(1つ15)

①　(　　)　(　　)

②　4　6

(　　)　(　　)

2　•を　1から　じゅんに　せんで　つなぎましょう。

教 上23ページ　ぜんぶ　できて　30てん

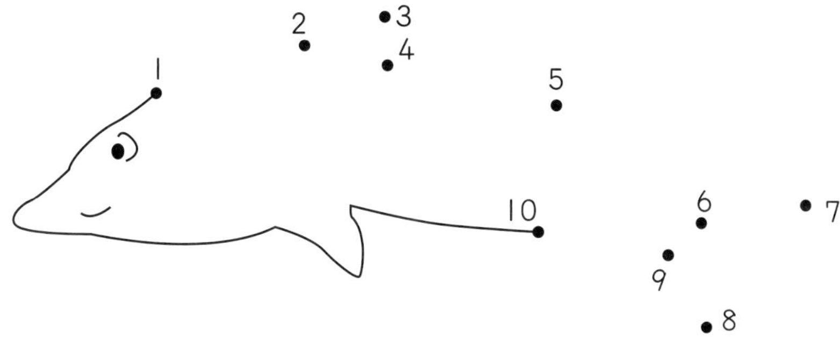

3　□に　かずを　かきましょう。　教 上22〜23ページ

40てん(1つ10)

5 — □ — □ — □ — 9 — □

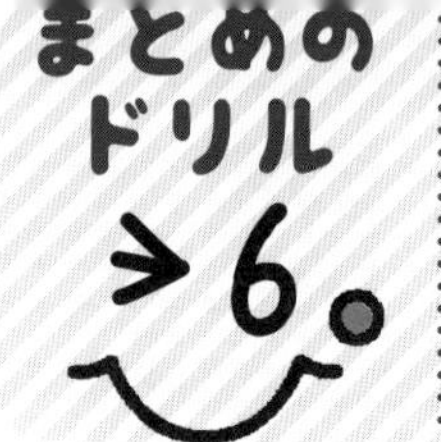

ごうかく 80てん /100

1 10までの かず

1 おなじ かずを せんで むすびましょう。 40てん(1つ5)

①  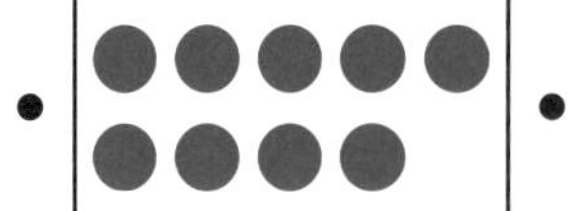 

②  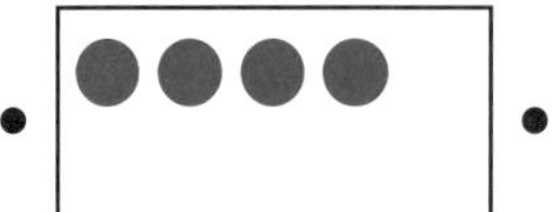 

③  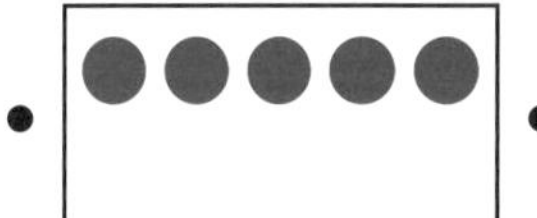 

④ 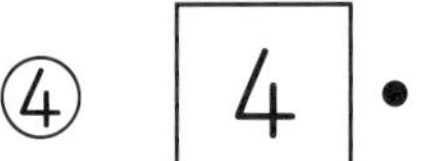 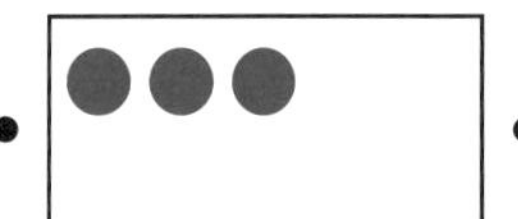 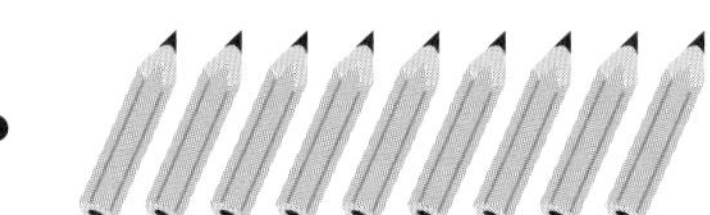

2 □に かずを かきましょう。 30てん(1つ5)

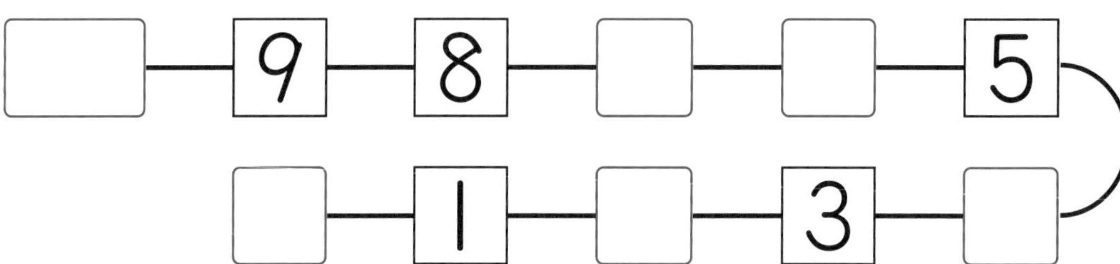

3 おおい ほうに ○を つけましょう。 30てん(1つ15)

① 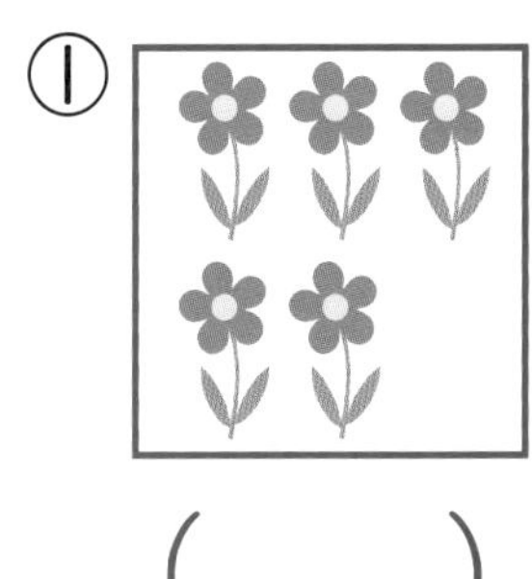 

(　　) (　　)

② 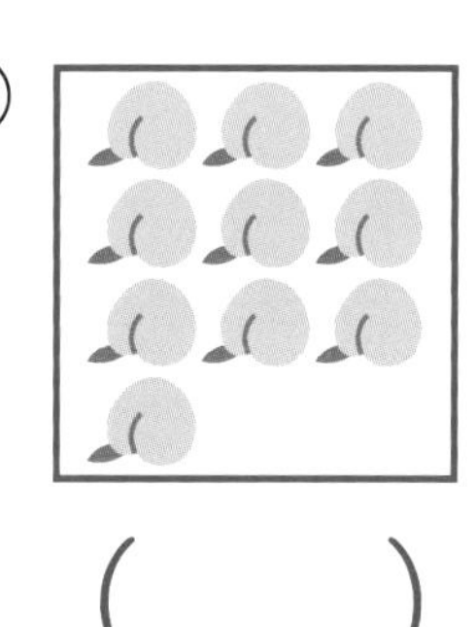 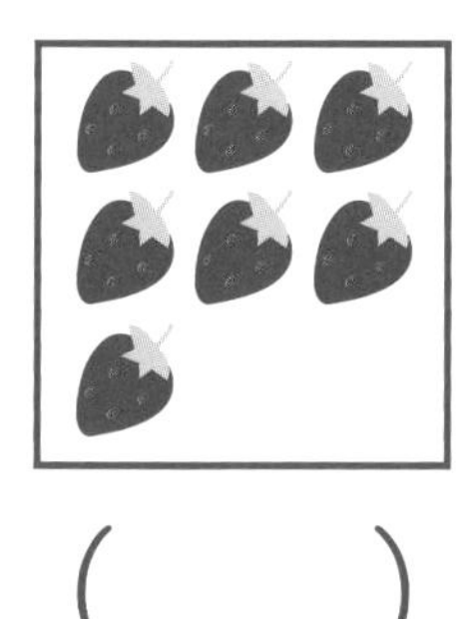

(　　) (　　)

きょうかしょ 上6～23ページ

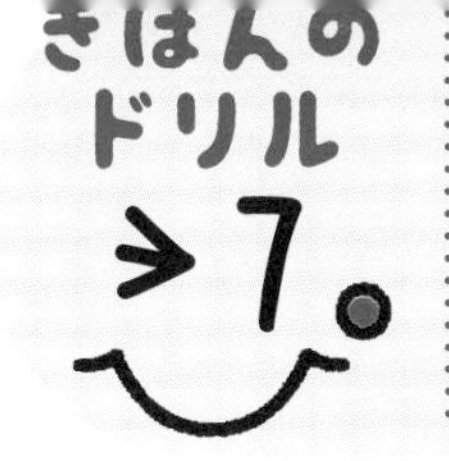

ごうかく 80てん　／100

サクッとこたえあわせ
こたえ 82ページ

2 いくつと いくつ ……(1)

\もんだいを きちんと よもう！/

［●の　かずが　いくつと　いくつに　わかれて　いるかを　かぞえて　かきましょう。］

1 いくつと　いくつでしょう。 教 上24〜26ページ　40てん(1つ10)

① 5

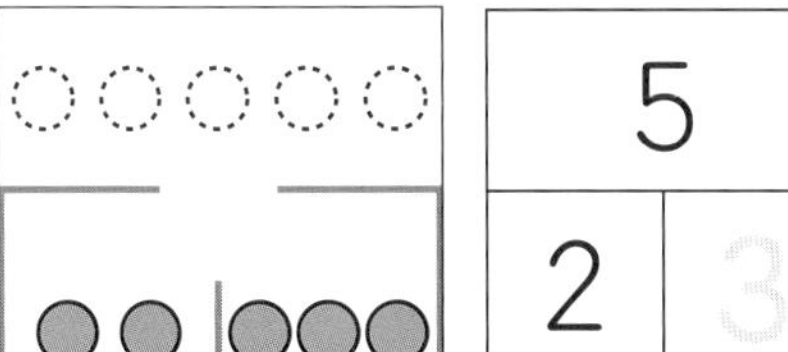

5	
2	3

② 5

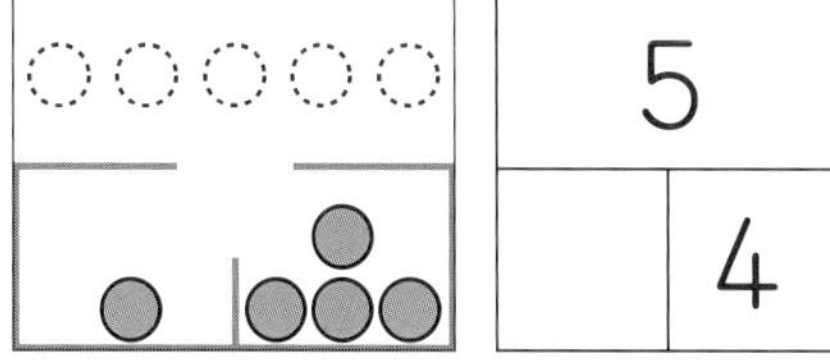

5	
	4

③ 6

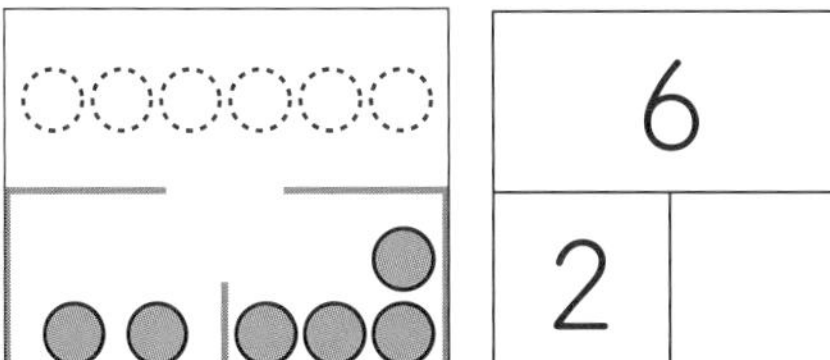

6	
2	

④ 6

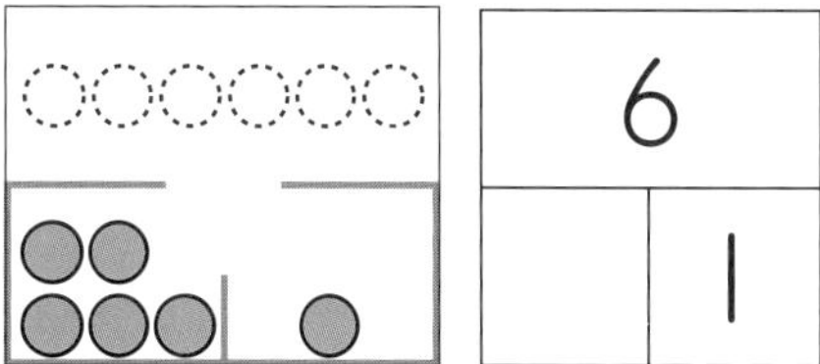

6	
	1

2 5は　いくつと　いくつでしょう。 教 上25ページ　20てん(1つ10)

① 3 と □　② 1 と □

3 6は　いくつと　いくつでしょう。 教 上26ページ

20てん(ぜんぶ　できて　1つ10)

① ✿ と ✿✿✿✿✿

1 と □

② ✿✿✿ と ✿✿✿

□ と 3

4 □に　かずを　かきましょう。 教 上27ページ　20てん(1つ10)

① 7は 3 と □。　② □ と 5 で　7。

きょうかしょ 上24〜27ページ

ごうかく 80てん ／100

がつ　にち

8. 2　いくつと　いくつ　……(2)

＼もんだいを　きちんと　よもう！／

1　いくつと　いくつでしょう。

20てん（ぜんぶ　できて　1つ10）

① 8

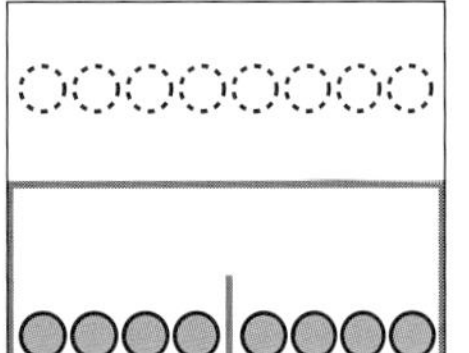

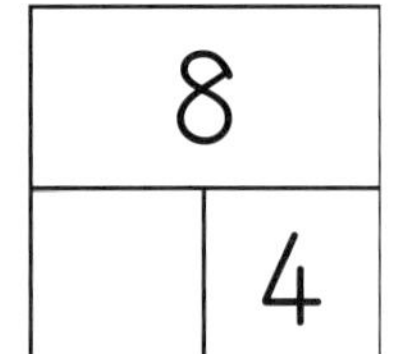

② 8

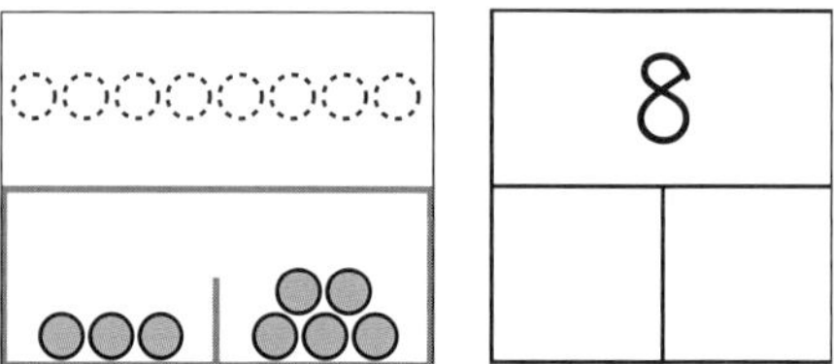

2　いくつと　いくつでしょう。

教 上29ページ　20てん（1つ10）

① 9 ／ 2 と □

② 9 ／ 5 と □

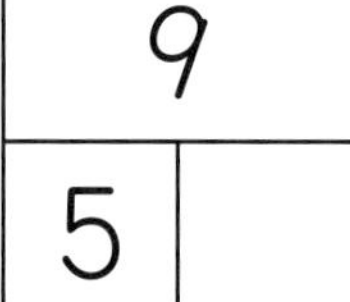

3　□に　かずを　かきましょう。

40てん（1つ10）

① 8は □ と 2。

② 7 と □ で　8。

③ 9は 1 と □。

④ □ と 6 で　9。

4　□に　かずを　かきましょう。

教 上28〜29ページ　20てん（□1つ5）

✿の かず　✿の かず

① ✿✿✿✿✿　✿✿✿　 □ と □ で 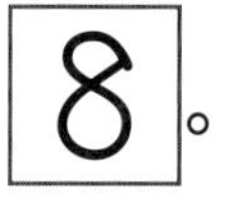 8。

② ✿✿✿✿　✿✿✿✿✿　 □ と □ で  9。

ごうかく 80てん　/100

がつ　にち

サクッと こたえ あわせ

こたえ 82ページ

2　いくつと　いくつ　……(3)

＼もんだいを きちんと よもう！／

[10に　なる　2つの　かずです。]

1 10に　なるように、□に　かずを　かきましょう。

教 上30ページ　20てん(□1つ5)

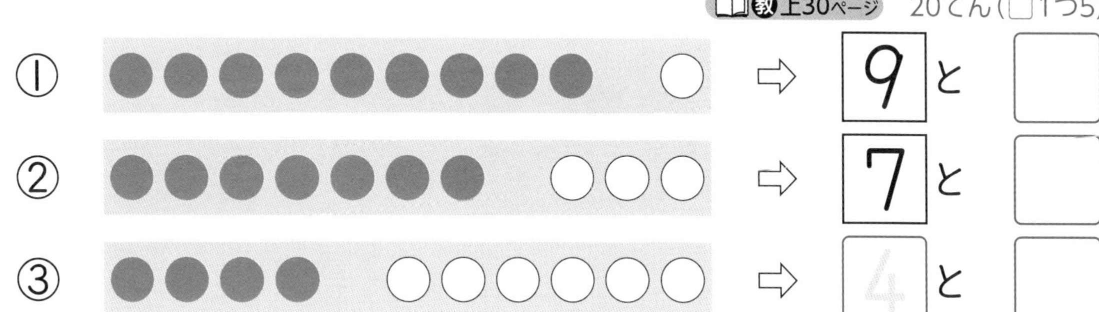

2 10は　いくつと　いくつでしょう。 教 上30ページ　20てん(1つ5)

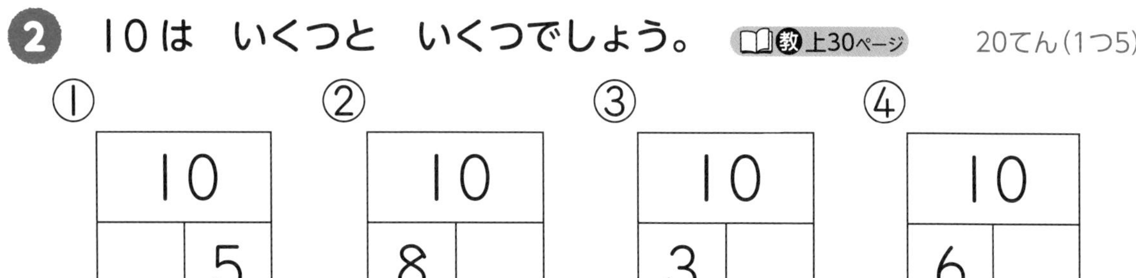

[「あと　いくつで　10に　なるか」は、たしざんや　ひきざんの　もとに　なります。]

3 あわせて　10に　なる　かあどを　せんで　むすびましょう。

教 上31ページ　60てん(1つ20)

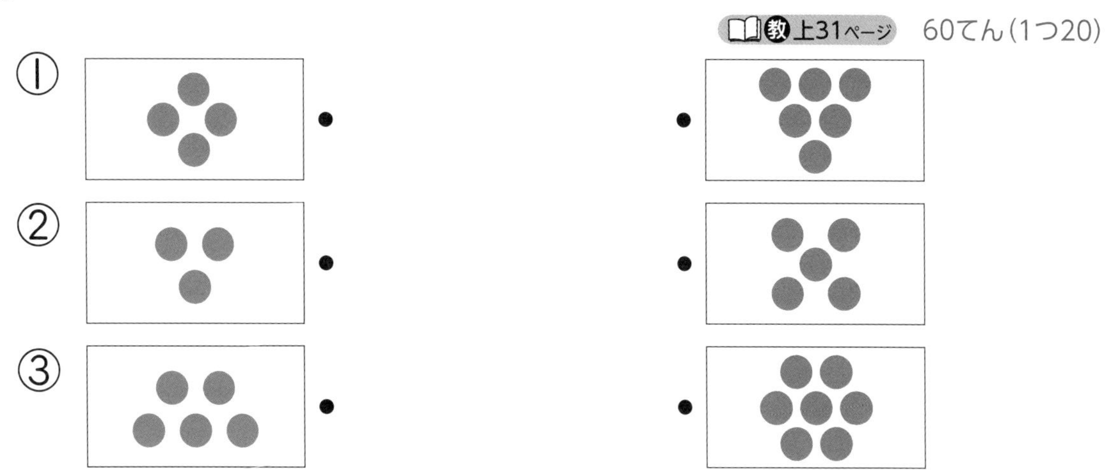

じかん 15ふん　ごうかく 80てん　／100

がつ　にち

サクッと こたえあわせ　こたえ 83ページ

3　なんばんめかな ……(1)

\もんだいを きちんと よもう！/

［じゅんばんを　もとめる　もんだいです。「まえから」「うしろから」と いうことに　きを　つけましょう。］

1 えを　みて　こたえましょう。 教 上32〜33ページ　40てん(1つ20)

まえ

うしろ

① さる は　まえから　なんばんめですか。

2 ばんめ

② いぬ は　うしろから　なんばんめですか。

□ ばんめ

2 ばすに　いろを　ぬりましょう。 教 上33ページ1　60てん(1つ20)

① まえから　5だいめ。

まえ　うしろ

② うしろから　4だいめ。

まえ　うしろ

③ まえから　3だい。

まえ　うしろ

3 なんばんめかな ……(2)

＼もんだいを きちんと よもう！／

[「○つ」は　あつまりの　かず、「○ばんめ」は　じゅんばんです。]

1 かめに　いろを　ぬりましょう。 教 上34ページ 2 60てん(1つ20)

① まえから　3びき。

まえ　うしろ

② まえから　6ぴきめ。

まえ　うしろ

③ うしろから　5ひきめ。

まえ　うしろ

2 えを　みて　こたえましょう。 教 上34〜35ページ 30てん(1つ10)

① ふくろうは　うえから　□ばんめです。

② すずめは　うえから　□ばんめです。

③ にわとりは　したから　□ばんめです。

はと
ふくろう
にわとり
すずめ
からす

3 はは　みぎから　なんばんめですか。 教 上34〜35ページ

10てん

ひだり

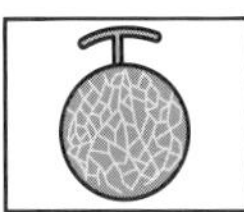

みぎ

□ばんめ

ごうかく 80てん ／100

がつ　にち

サクッと こたえ あわせ
こたえ 83ページ

4 あわせて　いくつ　ふえると　いくつ
① あわせて　いくつ　……(1)

＼もんだいを きちんと よもう！／

[あわせて　いくつと　いう　ときは、たしざんの　しきに　かきます。]

1 かえるは、あわせて　なんびきに　なりますか。□に　かずを　かきましょう。 教 上37〜38ページ 1

30てん（しき15・こたえ15）

しき　3 ＋(たす) □1 ＝(は) □4　　こたえ □ ひき

[ぜんぶで　いくつ、みんなで　いくつと　いう　ときも、たしざんの　しきに　かきます。]

2 はなは、ぜんぶで　なんぼんに　なりますか。

教 上38ページ 1▶　30てん（しき20・こたえ10）

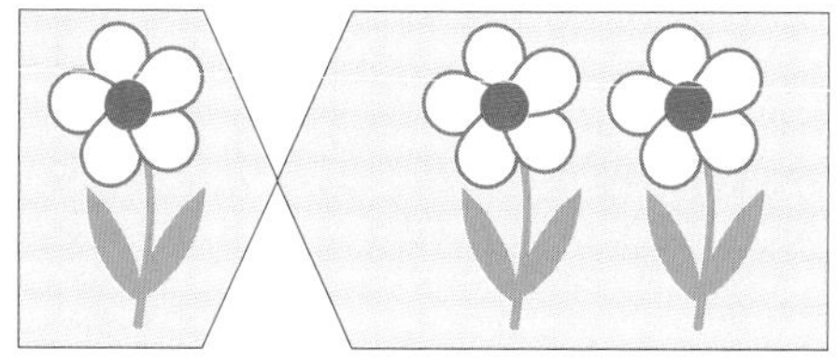

しき □ ＋ □ ＝ □

こたえ □ ぼん

3 たしざんを　しましょう。 教 上39ページ 2▶　40てん（1つ10）

① 4＋1＝□　　② 1＋3＝□

③ 2＋2＝□　　④ 3＋2＝□

きょうかしょ 上36〜39ページ

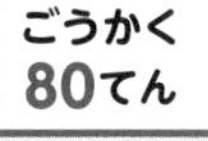

じかん15ふん　ごうかく80てん　/100

がつ　にち

サクッとこたえあわせ　こたえ83ページ

4　あわせて　いくつ　ふえると　いくつ

①　あわせて　いくつ　……(2)

＼もんだいを　きちんと　よもう！／

1　おすの　くまが　3とう、めすの　くまが　5とう　います。くまは、あわせて　なんとうに　なりますか。

教 上39ページ2　20てん(しき15・こたえ5)

しき　□＋□＝□　　こたえ　□とう

2　こねこが　5ひき、おやの　ねこが　2ひき　います。ねこは、ぜんぶで　なんびきに　なりますか。

教 上40ページ3、41ページ1　20てん(しき15・こたえ5)

しき　□　　こたえ　□ひき

3　たしざんを　しましょう。　教 上40ページ1、41ページ2　60てん(1つ10)

① 5+1=□　　② 2+5=□

③ 5+3=□　　④ 3+5=□

⑤ 5+2=□　　⑥ 4+5=□

じかん 15ふん ごうかく 80てん ／100

がつ　にち

こたえ 83ページ

4　あわせて　いくつ　ふえると　いくつ

②　ふえると　いくつ　……(1)

＼もんだいを きちんと よもう！／

[ふえると　いくつと　いう　ときは、たしざんの　しきに　かきます。]

1 いぬは、ふえると　ぜんぶで　なんびきに　なります か。　教 上43～44ページ 1　20てん(しき15・こたえ5)

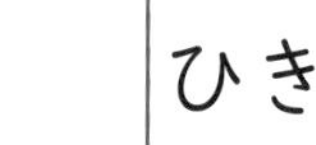

しき　6＋□＝□　　こたえ □ ひき

2 おはじきは、ぜんぶで　なんこに　なりますか。

教 上44ページ 1▶　20てん(しき15・こたえ5)

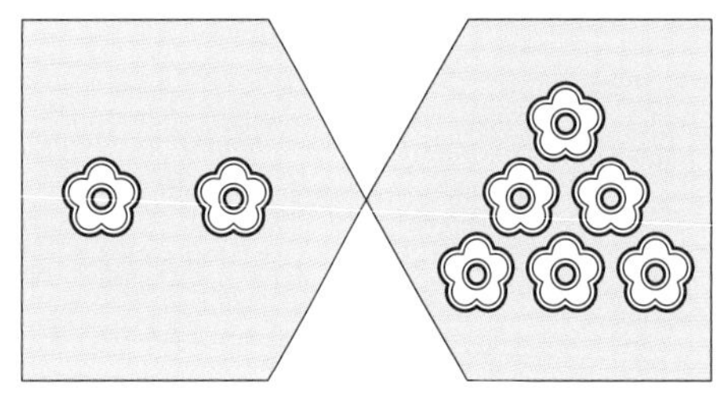

しき □

こたえ □ こ

3 たしざんを　しましょう。　教 上45ページ 2▶　60てん(1つ10)

① 7＋1＝□　　② 6＋3＝□

③ 6＋2＝□　　④ 2＋7＝□

⑤ 3＋6＝□　　⑥ 1＋6＝□

ごうかく 80てん ／100

がつ　にち

サクッと こたえ あわせ
こたえ 84ページ

4 あわせて いくつ ふえると いくつ
② ふえると いくつ ……(2)

＼もんだいを きちんと よもう！／

[「くると」と いう ときは たしざんに なります。]

1 とりが 4わ います。3わ くると、ぜんぶで なんわに なりますか。 教 上45～46ページ2　20てん(しき15・こたえ5)

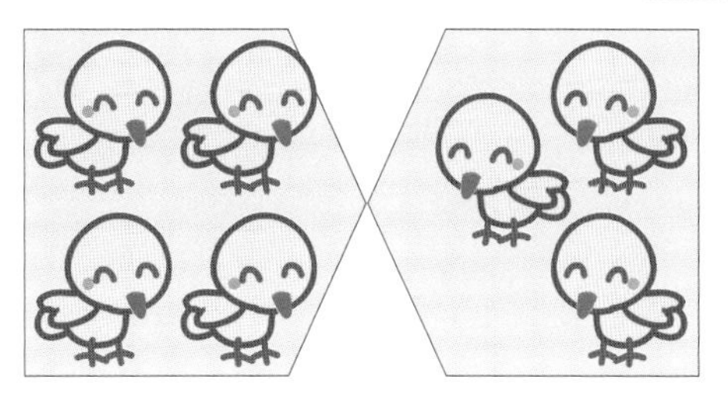

しき 4+□=□

こたえ □わ

[「もらうと」も たしざんに なります。]

2 はなが 6ぽん あります。2ほん もらうと、ぜんぶで なんぼんに なりますか。

教 上46～47ページ3　20てん(しき15・こたえ5)

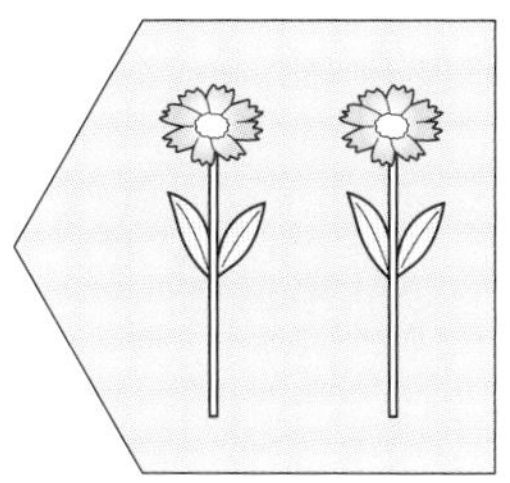

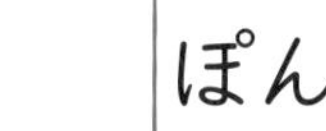

しき □　　こたえ □ぽん

3 たしざんを しましょう。 教 上46ページ▶　60てん(1つ10)

① 5+4=□　② 3+4=□

③ 2+4=□　④ 4+3=□

⑤ 3+3=□　⑥ 4+4=□

きょうかしょ 上45～47ページ

15ふん　ごうかく 80てん　/100

がつ　にち

サクッと こたえ あわせ　こたえ 84ページ

4　あわせて　いくつ　ふえると　いくつ
②　ふえると　いくつ　……(3)

＼もんだいを　きちんと　よもう！／

1　6+4の　しきに　なる　もんだいを　つくりましょう。

教 上48〜49ページ4　30てん（□1つ10）

りすが　[6]　ぴき　います。

りすが　[　]　ひき　きました。

りすは　[　]　なんびきに　なりましたか。

2　たしざんを　しましょう。　教 上47ページ2　70てん（1つ10）

①　5+5=[　]　　②　1+9=[　]

③　3+7=[　]　　④　6+4=[　]

⑤　2+8=[　]　　⑥　9+1=[　]

⑦　4+6=[　]

きょうかしょ 上47〜49ページ

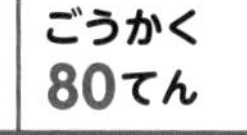

がつ　にち

4　あわせて　いくつ　ふえると　いくつ

たしざん　かあど

\もんだいを　きちんと　よもう！/

[かあどの　うらは、おもての　かあどの　たしざんの　こたえです。]

1　たしざん　かあどの　おもてと　うらが　あう　ものを、せんで　むすびましょう。 教 上50ページ　40てん(1つ10)

	おもて		うら
①	2＋6	• •	10
②	7＋2	• •	8
③	3＋4	• •	7
④	9＋1	• •	9

2　おなじ　こたえの　かあどを、せんで　むすびましょう。

教 上50ページ　30てん(1つ10)

①	5＋5	• •	3＋4
②	2＋7	• •	6＋4
③	6＋1	• •	1＋8

3　かあどの　こたえが　4 に　なるように、□に　かずを　かきましょう。 教 上50ページ　30てん(1つ10)

① 1＋□　② 3＋□　③ □＋2

きょうかしょ 上50ページ

じかん 15ふん　ごうかく 80てん　/100

がつ　にち

4 あわせて いくつ ふえると いくつ
③ 0の たしざん

＼もんだいを きちんと よもう！／
[0は 1つも ない ことを あらわして います。]

1 たまいれを 2かい しました。はいった たまの かずを あわせると なんこに なりますか。 教 上51ページ1　60てん(□1つ10)

①  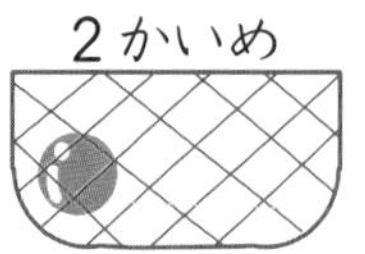

⇨ 3 ＋ 1 ＝ □(4)

②  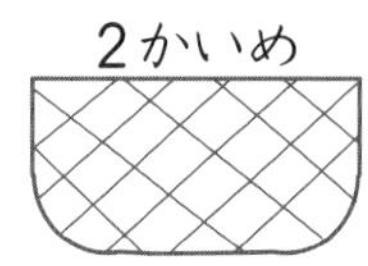

⇨ 3 ＋ □(0) ＝ □

③  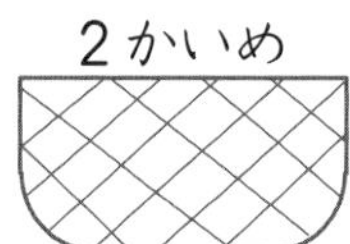

⇨ □(0) ＋ □(0) ＝ □

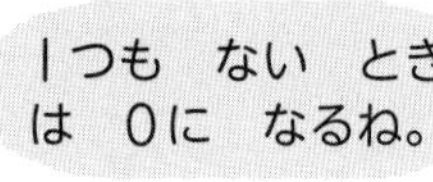

2 たしざんを しましょう。 教 上51ページ2　40てん(1つ5)

① 5＋0＝□　　② 9＋0＝□

③ 3＋0＝□　　④ 6＋0＝□

⑤ 0＋8＝□　　⑥ 0＋7＝□

⑦ 0＋0＝□　　⑧ 0＋1＝□

きょうかしょ 上51ページ

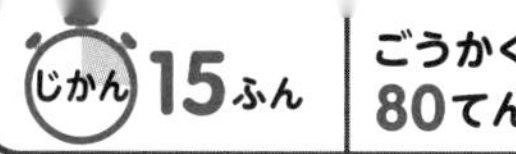

4 あわせて いくつ ふえると いくつ

1 じどうしゃが 4だい とまって います。5だい きました。ぜんぶで なんだいに なりましたか。

20てん(しき15・こたえ5)

しき

こたえ

2 わなげを 2かい しました。はいった わの かずは、あわせて いくつに なりますか。 20てん(しき15・こたえ5)

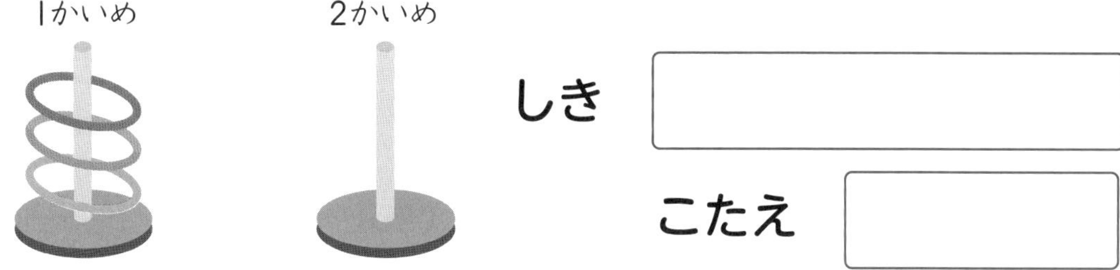

しき

こたえ

3 こたえが 7に なる かあどを 6まい ならべました。□に かずを かきましょう。

60てん(1つ10)

① □+2　② □+5

③ 1+□　④ 3+□

⑤ 6+□　⑥ □+3

ごうかく 80てん ／100

がつ　にち

サクッと こたえ あわせ

こたえ 84ページ

5 のこりは　いくつ　ちがいは　いくつ

① のこりは　いくつ ……(1)

＼もんだいを きちんと よもう！／

[のこりは　いくつと　いう　ときは、ひきざんの　しきに　かきます。]

1 みかんが　5こ　あります。1こ　とると、のこりは　なんこに　なりますか。 教 上55〜56ページ1

30てん(しき15・こたえ15)

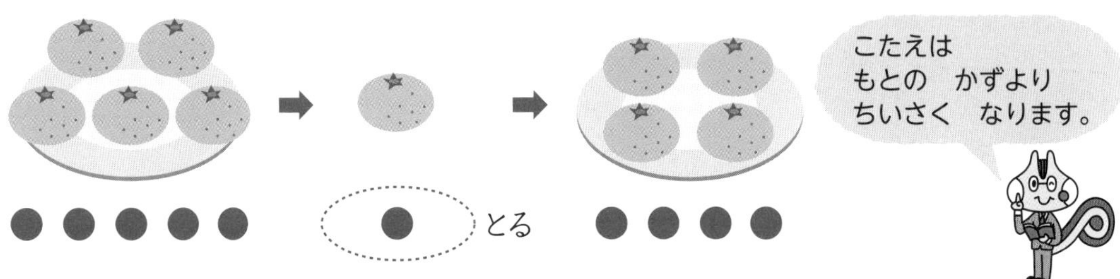

しき 5 − 1 ＝ 4　　こたえ □ こ
ひく　　は

2 ちょうが　3びき　います。1ぴき　とんで　いきます。のこりは　なんびきに　なりますか。

教 上56ページ1 30てん(しき20・こたえ10)

しき □ − □ ＝ □　　こたえ □ ひき

3 ひきざんを　しましょう。 教 上57ページ2 40てん(1つ10)

① 3−2＝□　　② 5−3＝□

③ 5−4＝□　　④ 4−1＝□

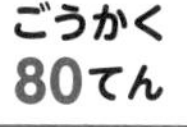

がつ　にち

こたえ 85ページ

5 のこりは　いくつ　ちがいは　いくつ

① のこりは　いくつ　……(2)

＼もんだいを きちんと よもう！／

[「とると」や 「つかうと」と いう ときも ひきざんに なります。]

1 とまとが 8こ できました。5こ とると、のこりは なんこに なりますか。 教 上57〜58ページ 2

25てん(しき15・こたえ10)

しき 8−5=3

こたえ □ こ

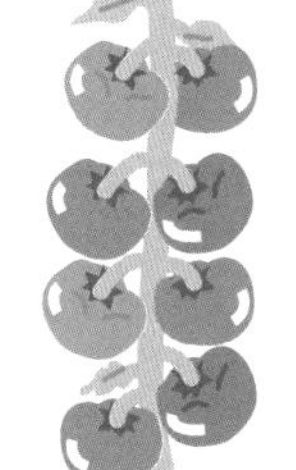

2 おりがみが 9まい あります。4まい つかうと、のこりは なんまいに なりますか。

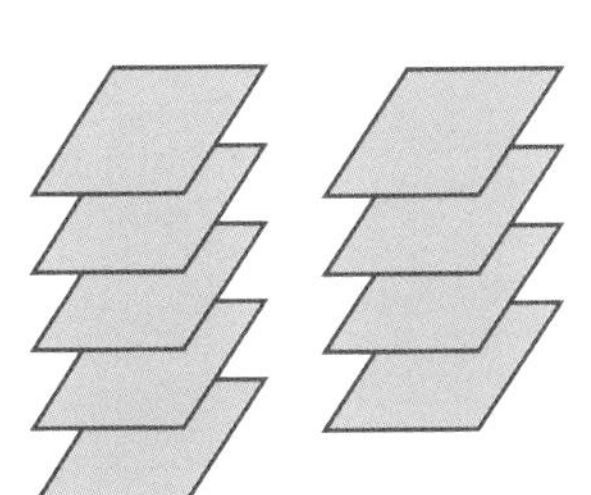

教 上57〜58ページ 2 25てん(しき15・こたえ10)

しき □

こたえ □ まい

3 ひきざんを しましょう。 教 上58ページ 1　50てん(1つ10)

① 8−3=□　② 7−2=□

③ 7−5=□　④ 9−5=□

⑤ 6−5=□

じかん 15ふん　ごうかく 80てん　／100

がつ　にち

サクッと こたえ あわせ　こたえ 85ページ

5 のこりは　いくつ　ちがいは　いくつ

① のこりは　いくつ　……(3)

＼もんだいを きちんと よもう！／

1 かきが　7こ　ありました。4こ　たべました。
のこりは　なんこに　なりましたか。　教 上58～59ページ 3

25てん（しき15・こたえ10）

しき ［　　　　］

こたえ ［　　　　］

2 とりが　9わ　いました。5わ　とんで　いきました。
のこりは　なんわに　なりましたか。　教 上58～59ページ 3

25てん（しき15・こたえ10）

9わ

しき ［　　　　］

こたえ ［　　　　］

3 ひきざんを　しましょう。 

教 上59ページ 2

50てん（1つ10）

① $8-1=$ □　　② $9-2=$ □

③ $7-6=$ □　　④ $6-4=$ □

⑤ $8-6=$ □

がつ　にち

5　のこりは　いくつ　ちがいは　いくつ
①　のこりは　いくつ　……(4)

サクッと こたえあわせ
こたえ 85ページ

＼もんだいを きちんと よもう！／

1　ほんが　10さつ　ありました。そのうち、4さつよみました。よんでいない　ほんは　なんさつですか。

教 上60ページ 4　20てん(しき15・こたえ5)

しき　10－4＝6

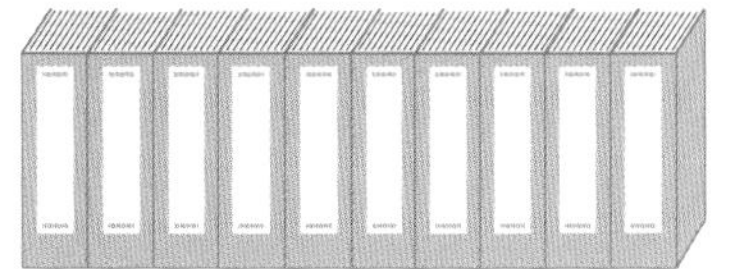

こたえ　□さつ

2　おりがみが　10まい　ありました。おりづるを　おりました。7まい　おりました。おっていない　おりがみは　なんまいですか。

教 上60ページ 1　20てん(しき15・こたえ5)

しき　□

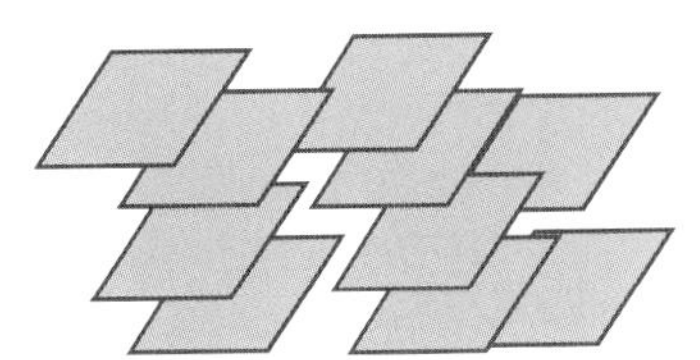

こたえ　□まい

3　ひきざんを　しましょう。

教 上60ページ 2　60てん(1つ10)

①　10－3＝□　　②　10－8＝□

③　10－5＝□　　④　10－1＝□

⑤　10－9＝□　　⑥　10－6＝□

きょうかしょ　上60ページ

ごうかく 80てん ／100

がつ にち

サクッと こたえ あわせ

こたえ 85ページ

5 のこりは いくつ ちがいは いくつ
② 0の ひきざん

＼もんだいを きちんと よもう！／

［0は 1つも ない ことを あらわして います。もとの かずから 1つも ひかないので、0を ひいても もとの かずは かわりません。］

1 のこりは なんこに なりますか。 教 上61ページ 1 30てん（1つ10）

①  2こ たべると 4−2= 2 （こ）

②  4こ たべると 4−4= □ （こ）

③  たべなかったら 4−0= □ （こ）

2 つばめが 5わ いました。5わ ぜんぶ とんで いきました。のこりは なんわに なりましたか。

教 上61ページ 1 20てん（しき15・こたえ5）

しき □　　こたえ □ わ

［おなじ かずを ひくと、こたえは 0。もとの かずから 0を ひいても かずは かわりません。］

3 けいさんを しましょう。 教 上61ページ ▶ 50てん（1つ10）

① 3−3= □　② 2−0= □

③ 7−0= □　④ 8−8= □

⑤ 0−0= □

きょうかしょ 上61ページ

じかん 15ふん　ごうかく 80てん　／100

がつ　にち

5 のこりは　いくつ　ちがいは　いくつ

③ ちがいは　いくつ　……(1)

サクッと こたえ あわせ

こたえ 85ページ

＼もんだいを きちんと よもう！／

[ひきざんで　かずの　ちがいが　わかります。]

1 きつねは　ぶたより、なんびき　おおいですか。

教 上62ページ1　30てん(しき20・こたえ10)

おおい

しき　7 － 4 ＝ 3　　こたえ ☐ びき おおい。

2 かびんの　かずは、はなの　かずより　なんこ　すくないですか。　教 上63ページ▶1　30てん(しき20・こたえ10)

しき　☐ － ☐ ＝ ☐　　こたえ ☐ こ すくない。

3 けえきと　ぷりんでは、どちらが　なんこ　おおいですか。　教 上63ページ▶2　40てん(しき25・こたえ15)

しき ☐

こたえ ☐ が ☐ こ　おおい。

じかん 15ふん　ごうかく 80てん　/100　がつ　にち

5 のこりは いくつ ちがいは いくつ
③ ちがいは いくつ ……(2)

サクッと こたえ あわせ　こたえ 86ページ

＼もんだいを きちんと よもう！／

1 したの えを みて、7−3の しきに なる もんだいを つくりましょう。 教 上64ページ2　70てん（□1つ10）

① ねこが □ ひき あつまって いました。ねこが □ びき いなくなりました。□ の ねこは、なんびきに なりましたか。

② りんごが □ こ あります。みかんが □ こ あります。□ は、□ より なん こ おおいですか。

2 けえきを 1つずつ おさらに のせます。おさらは なんまい あまりますか。 教 上66ページ3、1

30てん（しき20・こたえ10）

しき □　　こたえ □ まい

15ふん ごうかく 80てん /100

がつ にち

サクッと こたえ あわせ

こたえ 86ページ

5 のこりは いくつ ちがいは いくつ
ひきざん かあど

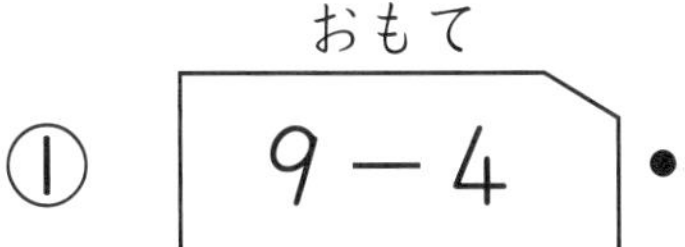

[かあどの うらは おもての かあどの ひきざんの こたえです。]

1 ひきざん かあどの おもてと うらが あう ものを せんで むすびましょう。 教 上67ページ 40てん(1つ10)

	おもて		うら
①	9－4		3
②	5－2		5
③	10－8		1
④	6－5		2

2 おなじ こたえの かあどを せんで むすびましょう。

教 上67ページ 30てん(1つ10)

①	4－2	2－1
②	9－8	6－2
③	7－3	10－8

3 かあどの こたえが 5に なるように、□に かずを かきましょう。 教 上67ページ 30てん(1つ10)

① 8－□　② 6－□　③ 9－□

きょうかしょ 上67ページ

じかん 15ふん　ごうかく 80てん　/100

がつ　にち

5　のこりは　いくつ　ちがいは　いくつ

1　ひきざんを　しましょう。　60てん（1つ10）

① 4−2=□　② 9−5=□

③ 9−8=□　④ 10−4=□

⑤ 7−7=□　⑥ 8−0=□

2　くまが　7ひき　います。くろい　くまは　5ひきです。しろい　くまは　なんびきですか。

20てん（しき15・こたえ5）

しき □

こたえ □

3　えんぴつと　ぺんでは、どちらが　なんぼん　おおいですか。

20てん（しき15・こたえ5）

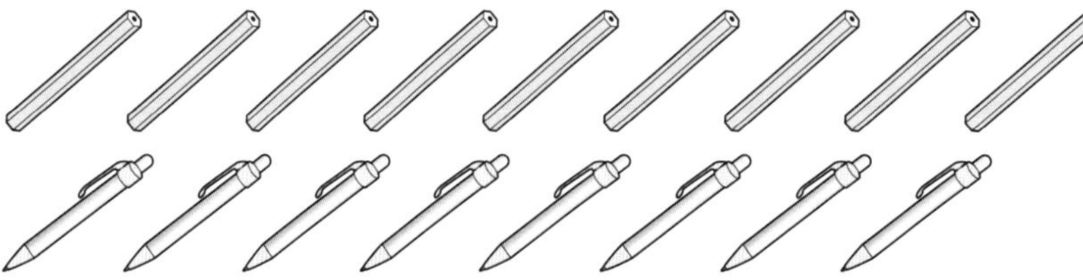

しき □

こたえ □

きょうかしょ 上54〜69ページ

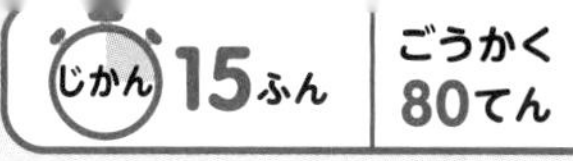

がつ にち

29。 10までの かず／いくつと いくつ なんばんめかな

1 かずの おおい ほうや おおきい ほうに ○を つけましょう。 32てん(1つ8)

①

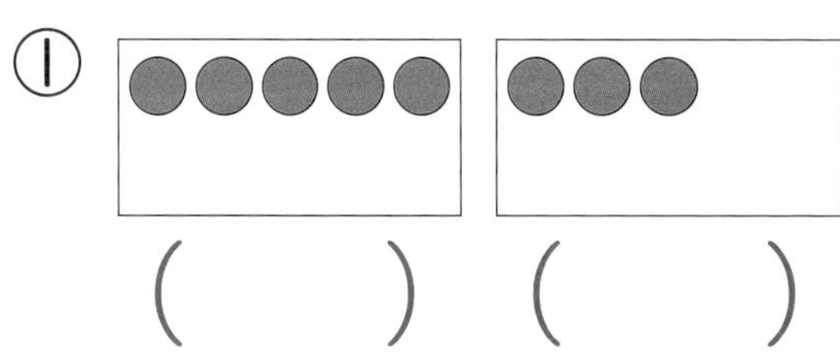

( ) ( )

②

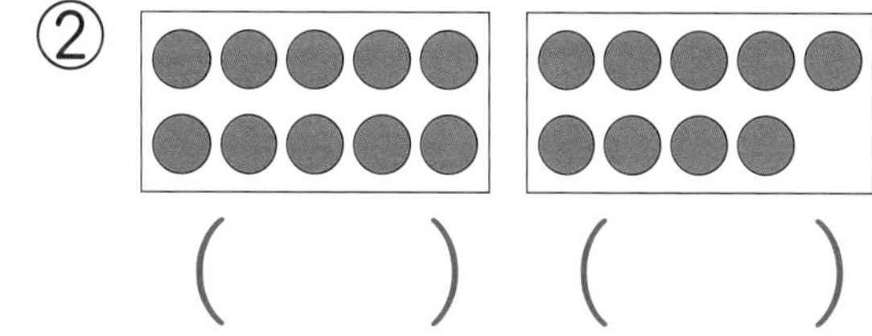

( ) ( )

③

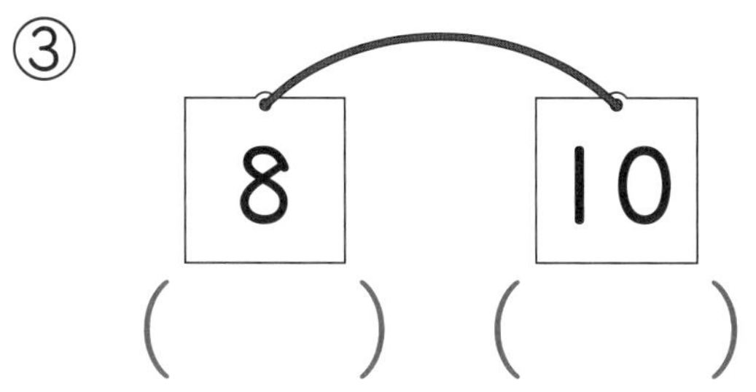

( ) ( )

④

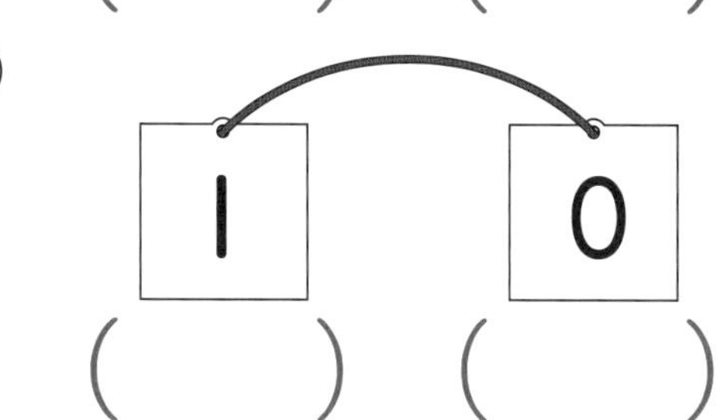

( ) ( )

2 いくつと いくつでしょう。 48てん(1つ8)

①

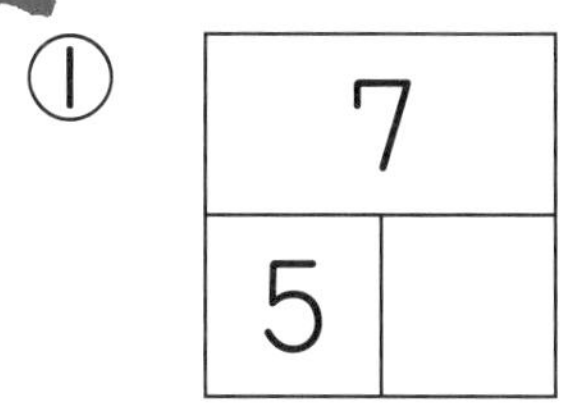

②

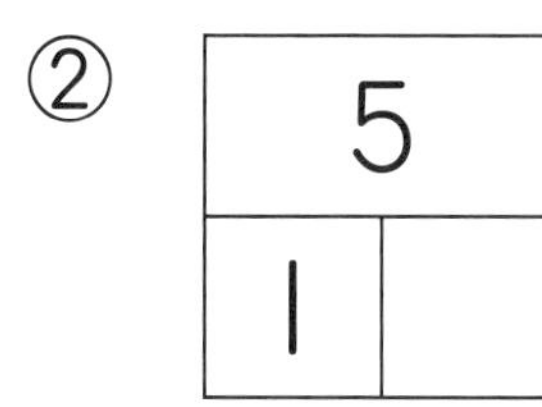

③

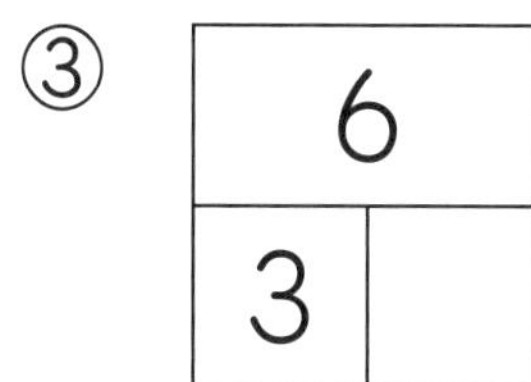

④

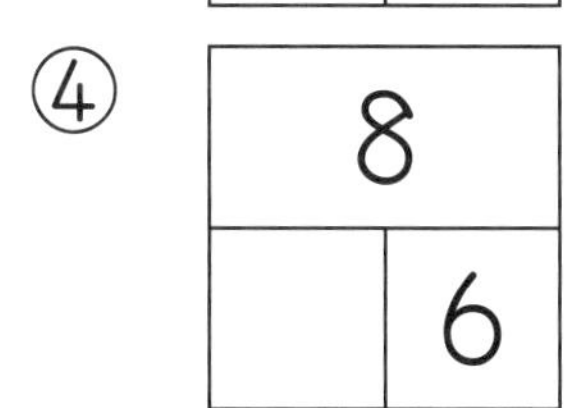

⑤ 6 / 4

⑥

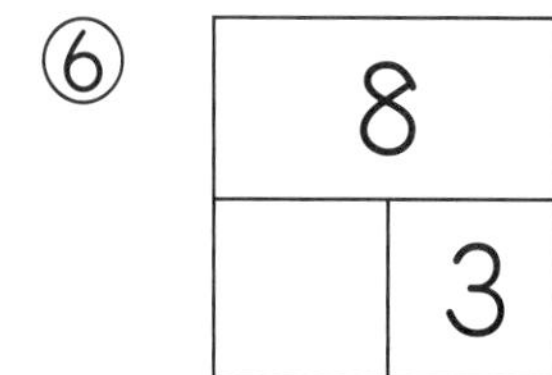

3 いろを ぬりましょう。 20てん(1つ10)

① まえから 4ひき。

② うしろから 2ばんめ。

まえ　うしろ

ごうかく 80てん　/100

30. あわせて　いくつ　ふえると　いくつ

1 たしざんを　しましょう。

60てん（1つ10）

① 1+4=□　② 4+6=□

③ 5+0=□　④ 2+7=□

⑤ 3+3=□　⑥ 0+0=□

2 おなじ　こたえの　かあどを　せんで　むすびましょう。

20てん（1つ5）

①	2+7 •	• 3+3
②	4+6 •	• 4+5
③	5+1 •	• 7+3
④	3+4 •	• 1+6

3 あかい　はなが　2ほん、しろい　はなが　8ぽん　さきました。ぜんぶで　なんぼん　さきましたか。

20てん（しき15・こたえ5）

しき □

こたえ □

なつやすみの ホームテスト

15ふん　ごうかく 80てん　／100

がつ　にち

こたえ 87ページ

31 のこりは　いくつ　ちがいは　いくつ

1 ひきざんを　しましょう。

60てん（1つ10）

① 5－1＝□　② 10－5＝□

③ 9－7＝□　④ 8－2＝□

⑤ 4－4＝□　⑥ 6－0＝□

 しきを　かいて　こたえましょう。

40てん（しき10・こたえ10）

① ももが　9こ　ありました。4こ　たべました。のこりは　なんこに　なりましたか。

しき □

こたえ □

② うさぎと　いぬでは、どちらが　なんびき　おおい　ですか。

しき □

こたえ □

ごうかく 80てん
/100

がつ　にち

6　いくつ　あるかな

＼もんだいを きちんと よもう！／

1 したの　のりものの　おもちゃの　えを　みて　こたえましょう。

教 上72〜73ページ　100てん（①ぜんぶできて40、②〜④1つ20）

① それぞれの　おもちゃの
かずだけ　○に　いろを
ぬりましょう。

○	○	○	○
○	○	○	○
○	○	○	○
●	○	○	○
●	○	○	○
●	○	○	○
●	○	○	○
ひこうき	ばす	でんしゃ	じどうしゃ

② じどうしゃは　なんだい
ありますか。

□だい

③ いちばん　おおい
のりものは　なんですか。

（　　　　）

④ いちばん　すくない　のりものは　なんですか。

（　　　　）

きょうかしょ 上72〜73ページ

7　10より　おおきい　かずを　かぞえよう
①　20までの　かず　……(1)

＼もんだいを きちんと よもう！／

[「10と　いくつ」と　いうように　かぞえます。]

1　なんこ　ありますか。□に　かずを　かきましょう。

教 上76〜77ページ 1、▶、2　20てん(1つ10)

①
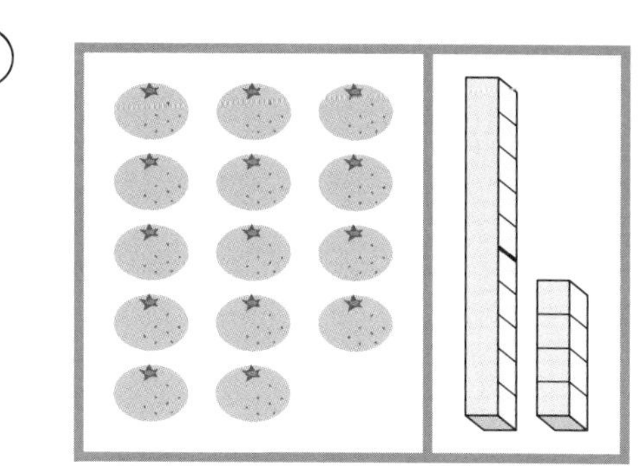

10と　4で　14　こ。

②
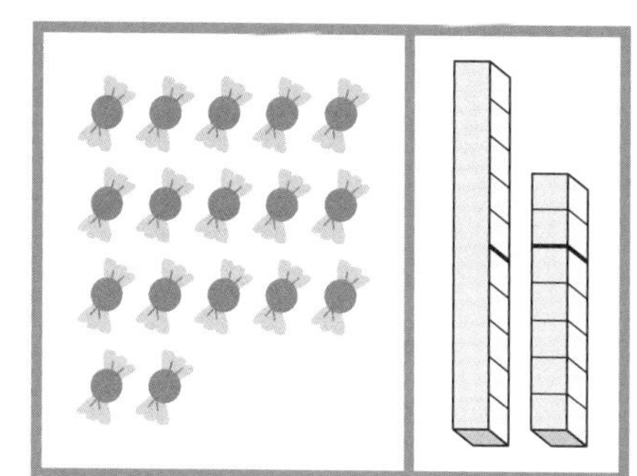

10と　7で　□　こ。

2　□に　かずを　かきましょう。　教 上76〜77ページ　60てん(1つ15)

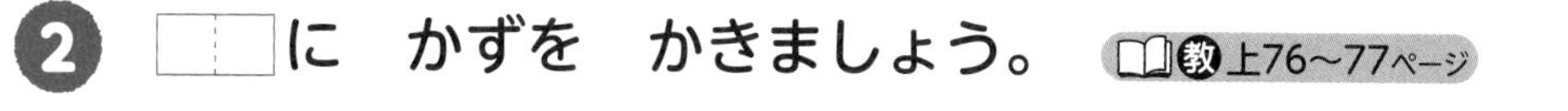

①　②　③　④

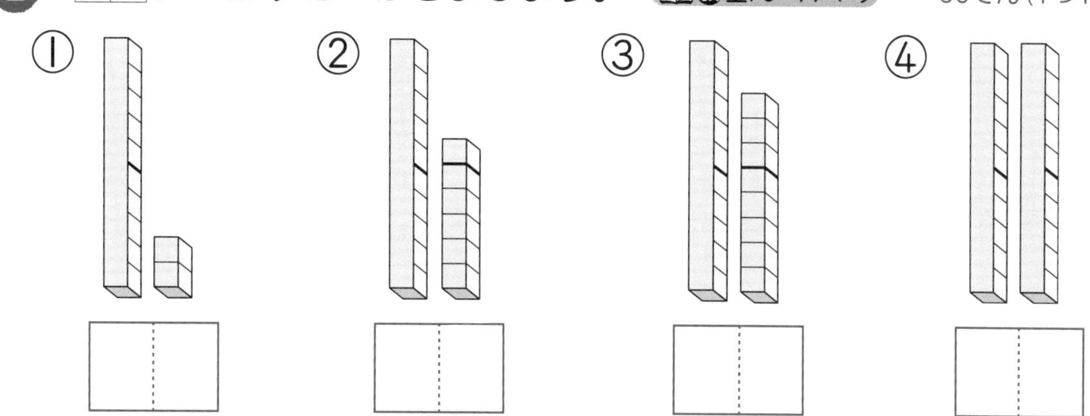

[2ずつ、5ずつ　まとめて　かぞえます。]

3　かずを　かぞえましょう。　教 上78ページ ▶　20てん(1つ10)

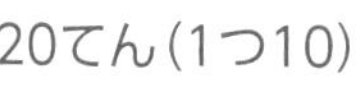

①

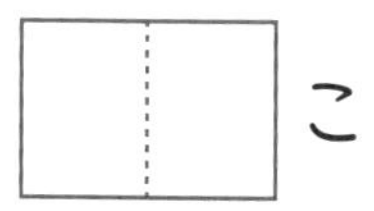
こ

②

こ

じかん 15ふん　ごうかく 80てん　／100　がつ　にち

サクッと こたえ あわせ　こたえ 87ページ

7　10より　おおきい　かずを　かぞえよう
①　20までの　かず　……(2)

＼もんだいを きちんと よもう！／

1 □に　かずを　かきましょう。　教 上79ページ3、1、2　40てん(1つ10)

① 10と　5で　□。　② 10と　7で　□。

③ 19は　10と　□。　④ 14は　10と　□。

2 かずの　おおきい　ほうに　○を　つけましょう。　教 上80ページ1　10てん(1つ5)

① 11　15
(　　)　(　　)

② 17　14
(　　)　(　　)

[かずは　じゅんに　ならんで　います。]

3 □に　かずを　かきましょう。　教 上81ページ2　20てん(1つ10)

14 — 15 — 16 — □ — 18 — □ — 20

4 □に　かずを　かきましょう。　教 上81ページ3　30てん(1つ10)

0　1　2　3　4　5　6　7　8　9　10　11　12　13　14　15　16　17　18　19　20

① 10より　3　おおきい　かずは　□。

② 18より　2　おおきい　かずは　□。

③ 17より　3　ちいさい　かずは　□。

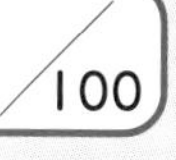
ごうかく 80てん ／100

7 10より おおきい かずを かぞえよう
② たしざんと ひきざん ……(1)

サクッと こたえあわせ こたえ 88ページ

＼もんだいを きちんと よもう！／

1 □に かずを かきましょう。 教 上82ページ 1 　70てん（□1つ10）

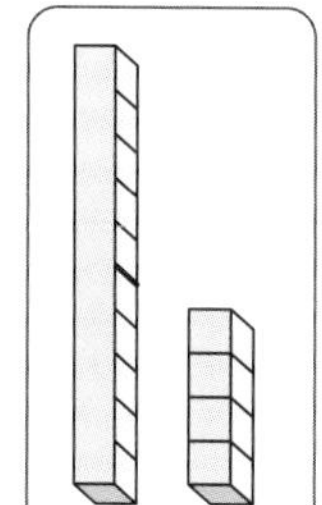

① 14は 10と □を あわせた かずです。

10に 4を たしたかず。

10＋4＝□

14から 4を ひいたかず。

14−4＝□

② 10＋2＝□　③ 10＋7＝□

④ 16−6＝□　⑤ 19−9＝□

2 けいさんを しましょう。 教 上82ページ ▶ 　30てん（1つ5）

① 10＋3＝13　② 12−2

③ 10＋5　④ 15−5

⑤ 10＋9　⑥ 13−3

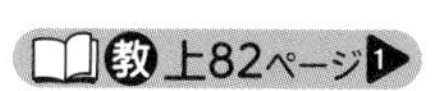

きょうかしょ 上82ページ

ごうかく 80てん　／100

がつ　にち

7　10より　おおきい　かずを　かぞえよう
②　たしざんと　ひきざん　……(2)

サクッと こたえ あわせ　こたえ 88ページ

＼もんだいを きちんと よもう！／

1 まいさんは、あめを　11こ　もっています。おかあさんから　4こ　もらうと　あわせて　なんこに　なりますか。 教 上83ページ 2　20てん（しき15・こたえ5）

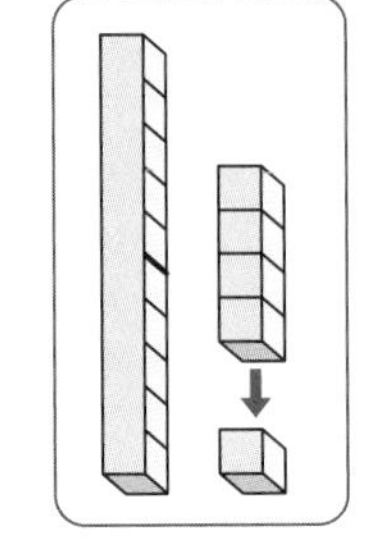

しき　□＋□＝□

こたえ　□こ

2 ドーナツ（どなつ）が　16こ　あります。3こ　たべると　のこりは　なんこに　なりますか。 教 上83ページ 2　20てん（しき15・こたえ5）

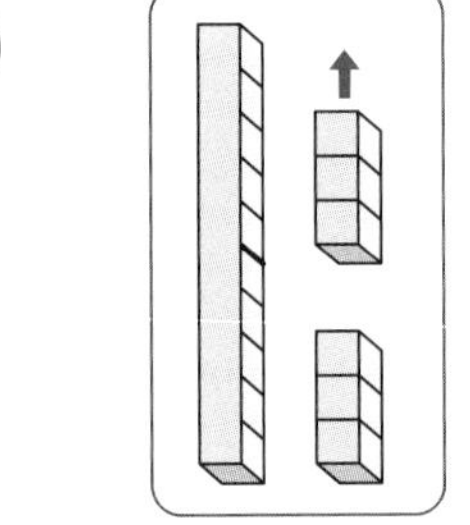

しき　□－□＝□

こたえ　□こ

3 けいさんを　しましょう。 教 上83ページ 1　60てん（1つ10）

① 11＋5　　② 12＋6

③ 15＋3　　④ 17－3

⑤ 15－4　　⑥ 19－6

きょうかしょ 上83ページ

ごうかく 80てん

/100

がつ　にち

こたえ 88ページ

サクッと こたえ あわせ

7 10より おおきい かずを かぞえよう

③ 20より おおきい かず

\もんだいを きちんと よもう！/

[10の あつまりが いくつ、ばらが いくつかを かぞえます。]

1 かずを かぞえましょう。□に かずを かきましょう。

教 上84ページ1　40てん(1つ20)

①

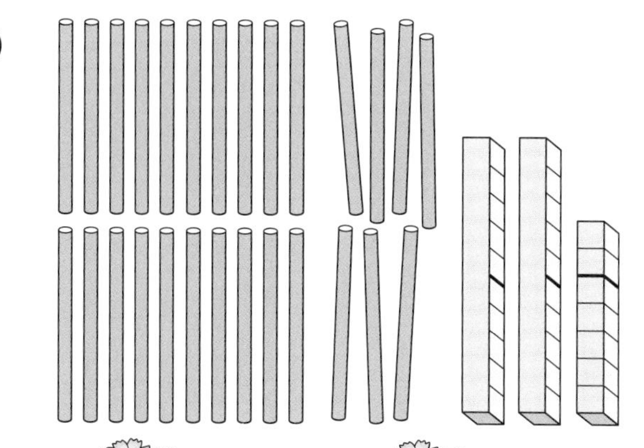

20と 7で

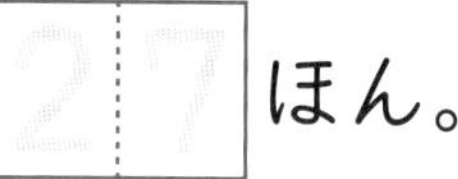

ほん。

②

10が3こで □ ぽん。

[10この まとまりを ○で かこんで、10が いくつと ばらが いくつと かぞえて みましょう。]

2 いちごの かずを かぞえましょう。10で まとめて □に はいる かずを かきましょう。

教 上85ページ▶1　60てん(□1つ20)

10が □ ことばらが

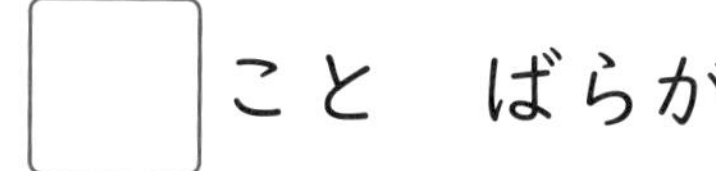

□ こで □ こ。

ごうかく 80てん　／100

がつ　にち

7　10より　おおきい　かずを　かぞえよう

1　なんこ　ありますか。　30てん（1つ15）

①

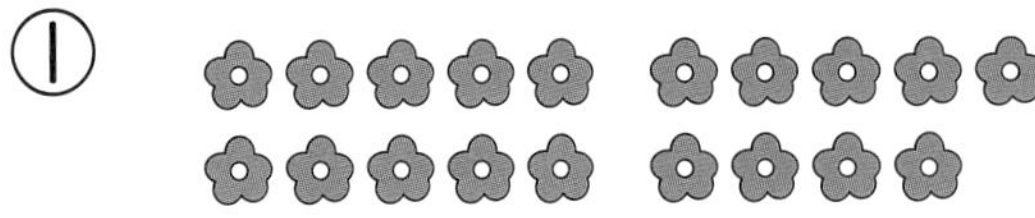

□こ

②

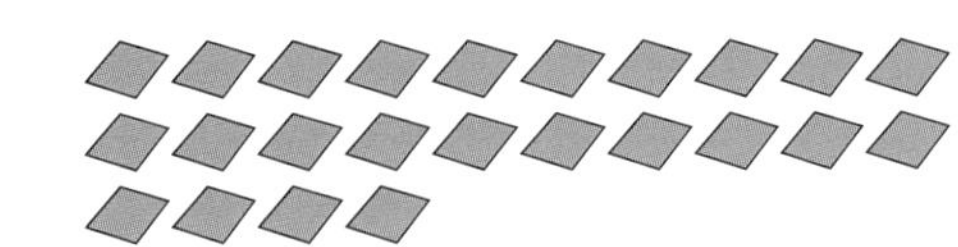

□まい

2　かずの　おおきい　ほうに　○を　つけましょう。　20てん（1つ10）

①

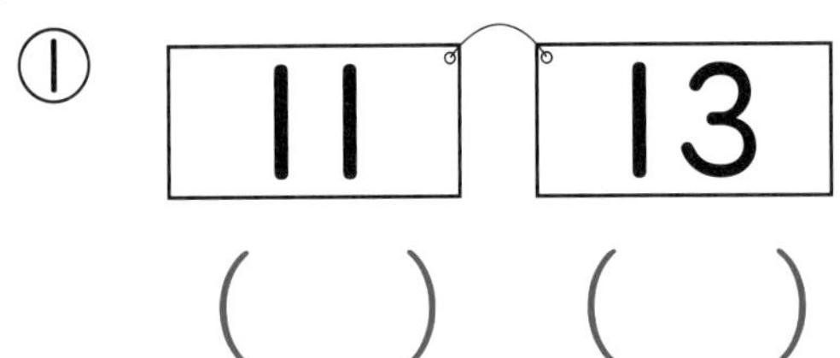

（　）（　）

②

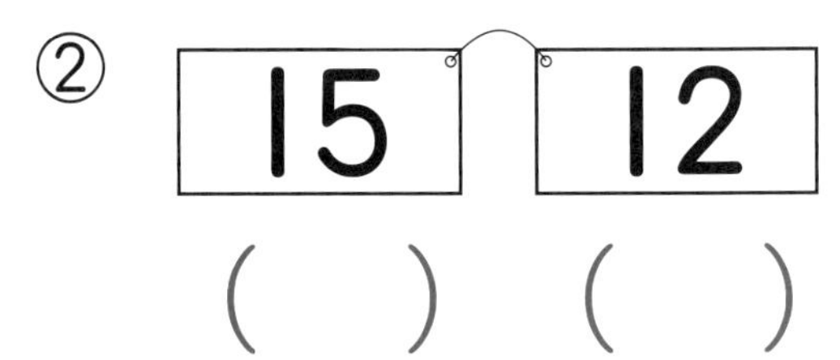

（　）（　）

［かずのせんでは、みぎへ　いくほど　おおきいです。］

3　□に　はいる　かずを　かきましょう。　20てん（□1つ5）

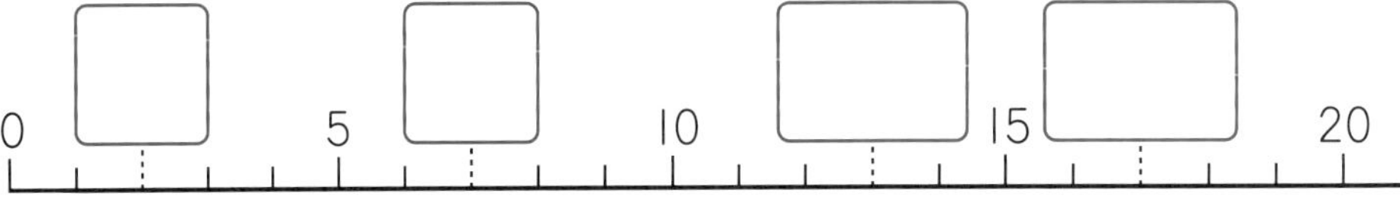

4　けいさんを　しましょう。　30てん（1つ5）

①　10+6　　②　12+6

③　16+3　　④　18−8

⑤　17−4　　⑥　19−5

きょうかしょ 上74〜85ページ

ごうかく 80てん
/100

がつ　にち

8　なんじ　なんじはん

＼もんだいを きちんと よもう！／
[とけいは　みじかい　はりから　よみます。]

1 とけいを　よみましょう。　教 上86ページ 1　45てん（1つ15）

① 

② 
③ 

（　4じ　）　（4じはん）　（　　　）

2 ながい　はりを　かきましょう。　教 上87ページ 2　40てん（1つ20）

① 10じ　② 10じはん

「～じはん」の　ときは、
ながい　はりは
6を　さします。

3 1じはんの　とけいは　どちらですか。
○を　つけましょう。　 教 上87ページ ▶　15てん

あ　い

（　　　）　（　　　）

きょうかしょ 上86～87ページ

ごうかく 80てん /100

がつ　にち

9　かたちあそび　……(1)

サクッとこたえあわせ

こたえ 89ページ

＼もんだいを きちんと よもう！／

1 おなじ　かたちの　なかまを、せんで　むすびましょう。 📖教 下2ページ1　40てん(1つ10)

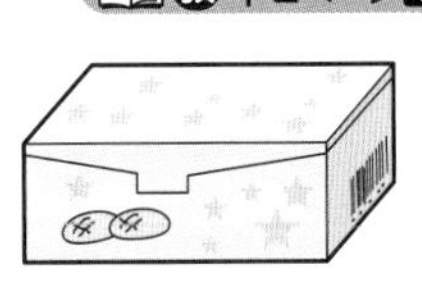
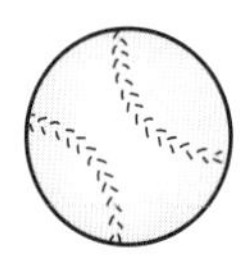
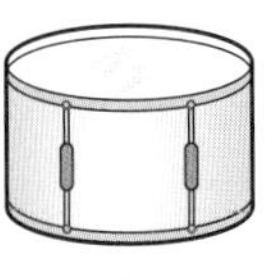
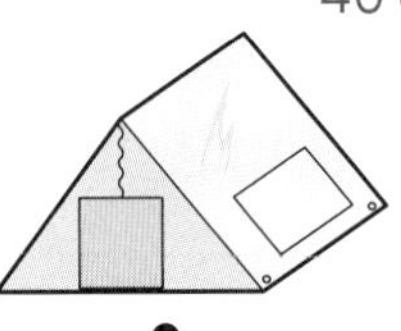

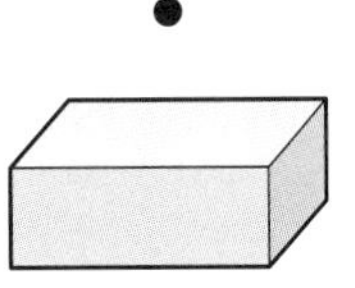
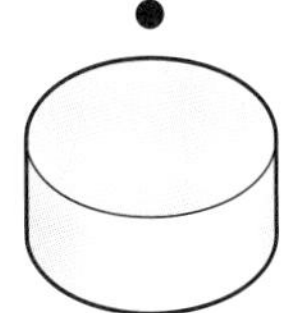
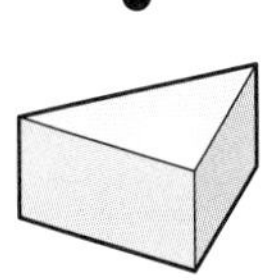
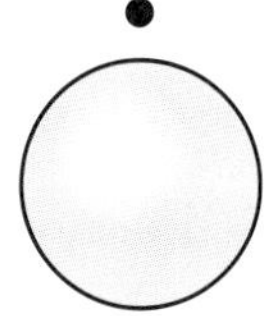

2 どのように　むきを　かえても、つみやすい
つみきを　2つ　えらんで　○を　つけましょう。

📖教 下3ページ3　30てん(1つ15)

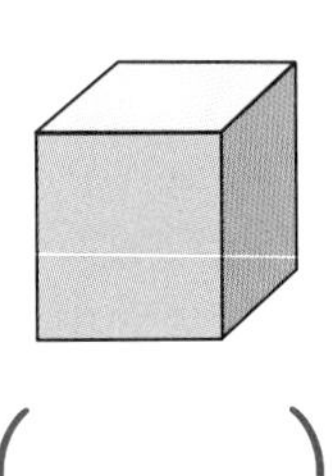

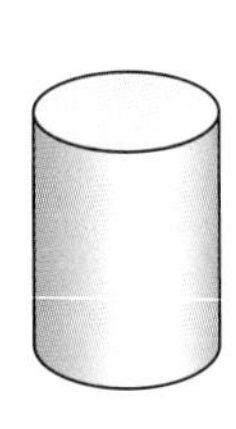
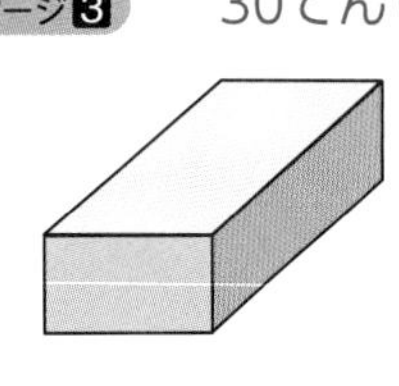

(　　)　(　　)　(　　)

3 ころがる　かたちを　2つ　えらんで　○を　つけましょう。 📖教 下3～4ページ3　30てん(1つ15)

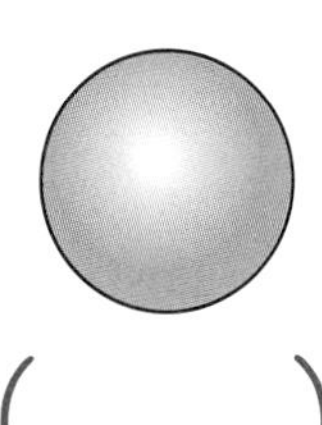
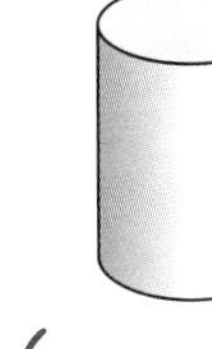
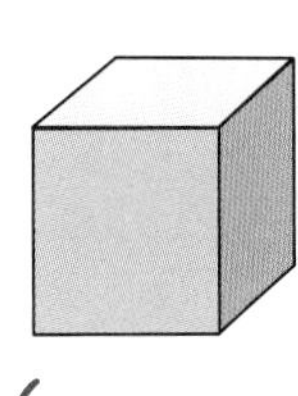

(　　)　(　　)　(　　)

ごうかく 80てん ／100

がつ　にち

サクッと こたえ あわせ
こたえ 89ページ

9 かたちあそび ……(2)

\もんだいを きちんと よもう！/

1 かたちを　かみに　うつしました。うつした　かたちを　せんで　むすびましょう。 教 下5ページ 5 80てん（1つ20）

2 かたちを　かみに　うつしました。うつした　かたちに　○を　つけましょう。 教 下5ページ 5 20てん

（　　）（　　）（　　）

きょうかしょ 下5ページ

じかん 15ふん　ごうかく 80てん　/100

がつ　にち

サクッと こたえ あわせ

こたえ 89ページ

10　たしたり　ひいたり　してみよう ……(1)

＼もんだいを きちんと よもう！／

[2 かい　ふえる　ときは、3 つの　かずを　1 つの　しきで　あらわせます。]

1　ありが　6 ぴき　いました。そこへ　4 ひき　きました。また、3 びき　きました。ありは、みんなで　なんびきに　なりましたか。　教 下6～7ページ 1　20てん(□1つ10)

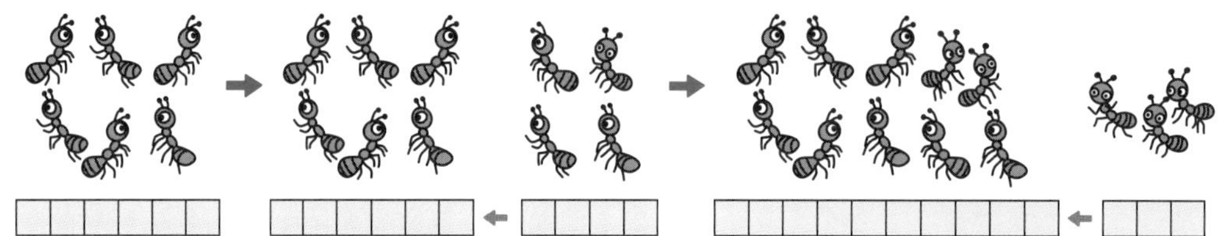

しき　6+4+3=□　　　こたえ □ びき

[2 かい　へる　ときは、3 つの　かずを　1 つの　しきで　あらわせます。]

2　あめが　8 こ　ありました。きのう　2 こ　たべました。きょう　4 こ　たべました。

あめは、なんこ　のこって　いますか。

教 下8ページ 2　20てん(□1つ10)

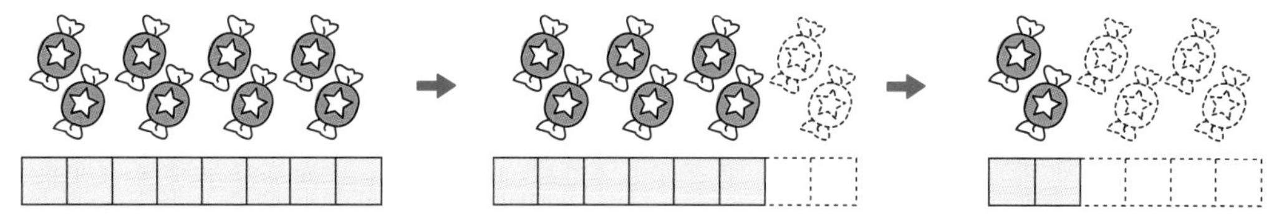

しき　8−2−4=□　　　こたえ  こ

3　けいさんを　しましょう。　 教 下7ページ ▶、8ページ ▶　60てん(1つ15)

① 3+7+5　　② 8+2+6

③ 8−3−2　　④ 18−8−2

きょうかしょ 下6～8ページ

10 たしたり　ひいたり　してみよう ……(2)

サクッと こたえ あわせ
こたえ 89ページ

\もんだいを きちんと よもう！/

[たしざんか　ひきざんか　よく　かんがえましょう。]

1 かえるが　8ひき　いました。つぎに　2ひき　きました。その　つぎに　4ひき　かえりました。かえるは　なんびきに　なりましたか。 教 下9ページ3 20てん(□1つ10)

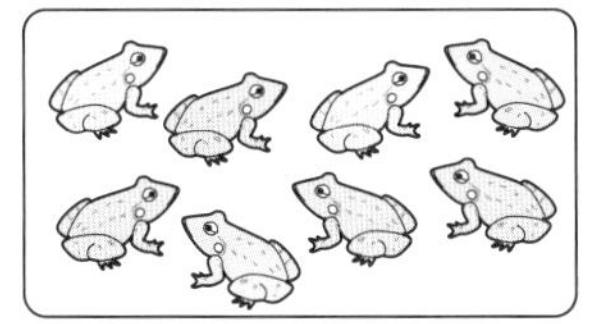

2ひき くる

4ひき かえる

しき　8+2−4=□　　こたえ □ ぴき

2 まみさんは　おりがみを　8まい　もっていました。
おねえさんに　4まい　あげて、ともだちから　3まい　もらいました。おりがみは　なんまいに　なりましたか。 教 下9ページ3 20てん(□1つ10)

しき　8−4+3=□　　こたえ □ まい

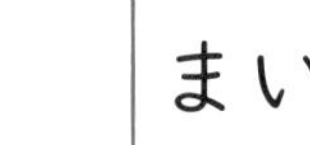

3 けいさんを　しましょう。 教 下9ページ1 60てん(1つ10)

① 6−5+7　　② 10−7+5

③ 16−6+3　　④ 8+1−5

⑤ 10+5−3　　⑥ 13+4−2

きょうかしょ 下9ページ

ごうかく 80てん　／100

がつ　にち

サクッと こたえ あわせ　こたえ 89ページ

11 たしざん ……(1)

＼もんだいを きちんと よもう！／

1 チーズケーキが　9こ、いちごの　ケーキが　3こ　あります。ケーキは、あわせて　なんこ　ありますか。

教 下10～11ページ 1　40てん（□1つ10）

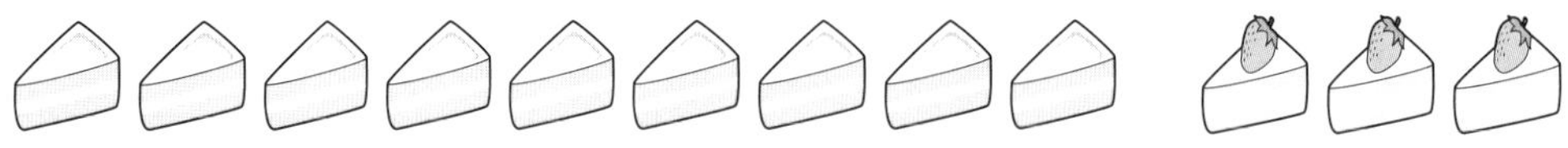

しき　9+3

10を　つくるには　9と　あと　□。

3を　1と　2に　わける。

9と　1で　10。

10と　□で　□。　　こたえ　□こ

［まず、10を　つくって、10と　のこりの　かずを　たします。］

2 8+4の　けいさんを　しましょう。　教 下12ページ 2

50てん（□1つ10）

① 10を　つくるには　8と　あと　□。

② 4を　2と　□に　わける。

③ 8と　□で　10。

④ 10と　□で　□。

3 けいさんを　しましょう。　教 下12ページ ▶1　10てん（1つ5）

① 7+4=□　　② 8+3=□

11 たしざん ……(2)

\もんだいを きちんと よもう!/

1 りんごは あわせて なんこですか。 教 下13ページ3

40てん(□1つ10)

しき 4+9

10を つくるには 9と あと □。

4を 1と □に わける。

9と 1で 10。

10と 3で □。

こたえ □こ

[まず、10を つくって、10と のこりの かずを たします。]

2 3+8の けいさんを しましょう。 教 下13ページ3

50てん(□1つ10)

① 10を つくるには 8と あと □。

② 3を 2と □に わける。

③ 8と □で 10。

④ 10と □で □。

3 けいさんを しましょう。 教 下13ページ1 10てん(1つ5)

① 3+9=□　　② 5+8=□

きょうかしょ 下13ページ

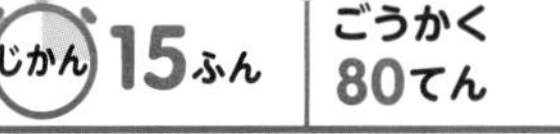

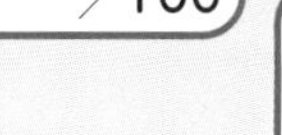

がつ　にち

こたえ 90ページ

11　たしざん ……(3)

＼もんだいを　きちんと　よもう！／

1 7+6の　けいさんを　しましょう。 教 下13～14ページ 4

40てん(□1つ10)

① なつみさんの　かんがえ

7と □ で　10。

10と □ で　13。

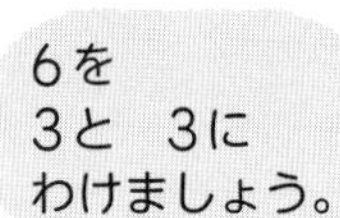

② ともやさんの　かんがえ

6と □ で　10。

10と □ で　13。

7を
3と　4に
わけるんだね。

2 けいさんを　しましょう。 教 下14ページ 1

60てん(1つ10)

① 9+7= □　② 7+8= □

③ 9+6= □　④ 8+8= □

⑤ 8+6= □　⑥ 9+8= □

きょうかしょ 下13～14ページ

ごうかく 80てん　/100

11 たしざん ……(4)

＼もんだいを きちんと よもう！／

1 子(こ)どもが　8人(にん)　あそんでいました。そこへ　5人　きました。子どもは　みんなで　なん人に　なりましたか。　教 下15ページ 5　20てん（しき15・こたえ5）

しき　8+5=13　　こたえ　□人

2 どんぐりを　ぼくは　9こ、おとうとは　7こ　ひろいました。どんぐりは、ぜんぶで　なんこに　なりましたか。　教 下15ページ 5　20てん（しき15・こたえ5）

しき　□　　こたえ　□こ

3 おりづるを　きのう　3わ、きょう　8わ　おりました。あわせて　なんわ　おりましたか。　教 下15ページ 5　20てん（しき15・こたえ5）

しき　□　　こたえ　□わ

4 けいさんを　しましょう。　教 下15ページ 1　40てん（1つ10）

① 7+5=□　　② 8+9=□

③ 6+6=□　　④ 9+5=□

11　たしざん　……(5)

たしざん　カード

\もんだいを　きちんと　よもう！/

1　カードの　こたえを　せんで　むすびましょう。

教 下16～17ページ　20てん(1つ5)

6+9	5+9	8+8	7+6
・	・	・	・
・	・	・	・
15	13	16	14

2　カードの　うらに　こたえを　かきましょう。　教 下16～17ページ

60てん(1つ10)

おもて　うら

① 8+6 □　　② 3+8 □

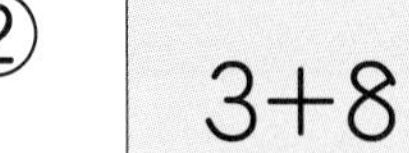

③ 7+5 □　　④ 6+8 □

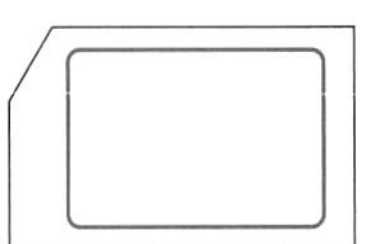
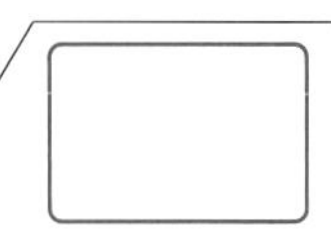

⑤ 9+7 □　　⑥ 4+9 □

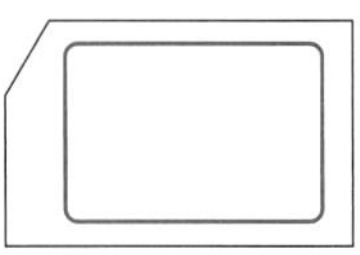

3　こたえが　おなじに　なるように、□に　かずを　かきましょう。　教 下16～17ページ　20てん(□1つ10)

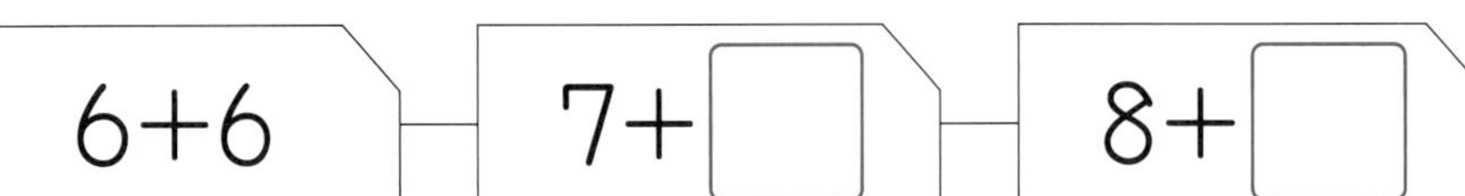

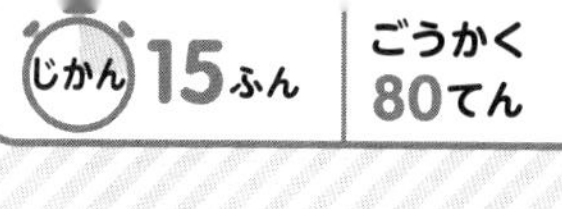

がつ　にち

11　たしざん

1 けいさんを　しましょう。　60てん(1つ10)

① 8+3=
② 4+8=
③ 3+9=
④ 7+7=
⑤ 6+9=
⑥ 9+9=

2 かだんに　はなが　9本(ほん)、うえきばちに　はなが　7本　あります。はなは　あわせて　なん本　ありますか。

15てん(しき10・こたえ5)

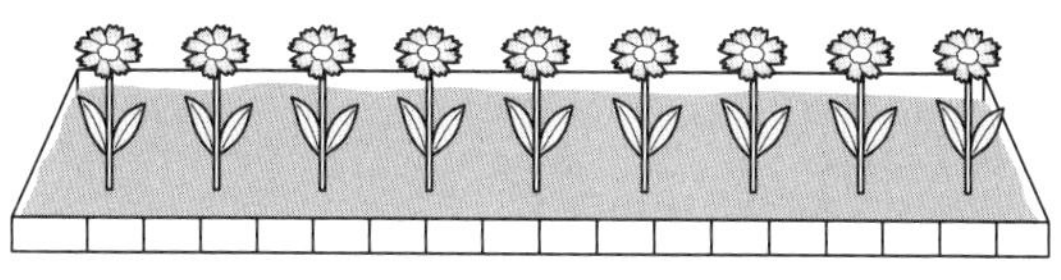

しき　　こたえ

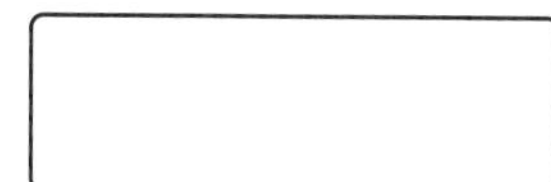

3 じどうしゃが　7だい　とまっていました。5だい　きました。ぜんぶで　なんだいに　なりましたか。

15てん(しき10・こたえ5)

しき　　こたえ

4 こたえが　おおきい　ほうに　○を　つけましょう。10てん(1つ5)

① 7+5 ( )　6+9 ( )

② 5+8 ( )　9+2 ( )

じかん 15ふん　ごうかく 80てん　／100

がつ　にち

こたえ 91ページ

12 ひきざん

① ひきざん ……(1)

＼もんだいを きちんと よもう！／

1 ケーキ(けーき)が 13こ ありました。9こ たべました。のこりの ケーキは なんこですか。 教下19～20ページ1

30てん(□1つ10)

しき 13−9

13を 10と 3に わけるよ。

10から 9を ひいて □。

1と 3を たして 。 こたえ こ

[14を 10と いくつに わけて かんがえます。]

2 14−8の けいさんを しましょう。 教下21ページ2

40てん(□1つ10)

① 4−8は できない。

② 14を 10と □に わける。

③ 10から 8を ひいて □。

④ 2と □を たして □。

3 けいさんを しましょう。 教下21ページ▶ 30てん(1つ15)

① 16−8=□　② 13−7=□

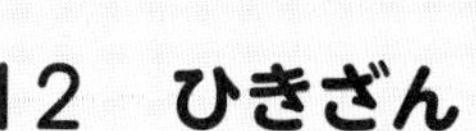

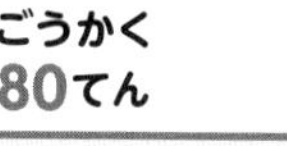

じかん 15ふん　ごうかく 80てん　／100

がつ　にち

12　ひきざん
①　ひきざん　……(2)

＼もんだいを　きちんと　よもう！／

1 ドーナツ(どなつ)が　11こ　あります。3こ　たべると、のこりは　なんこですか。 教 下22ページ3

40てん(□1つ10)

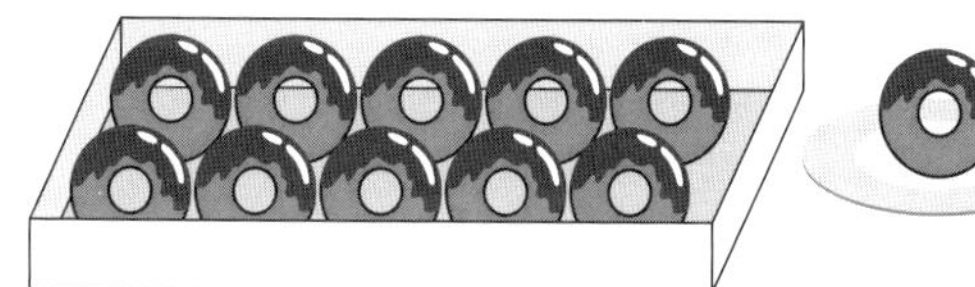

しき　[11－3＝8]

①　3を　1と　2に　わける。

②　11から　1を　ひいて　[10]。

③　10から　2を　ひいて　□。　こたえ　□こ

2 いろがみが　12まい　あります。4まい　つかうと、のこりは　なんまいですか。 教 下22ページ3

20てん(しき15・こたえ5)

しき　□

こたえ　□まい

3 けいさんを　しましょう。 教 下22ページ1

40てん(1つ10)

①　11－2＝□　　②　15－6＝□

③　17－9＝□　　④　13－5＝□

じかん 15ふん　ごうかく 80てん　/100

がつ　にち

サクッと こたえあわせ　こたえ 91ページ

12 ひきざん

① ひきざん ……(3)

もんだいを きちんと よもう！

1 13−5の けいさんを しましょう。 教 下22〜23ページ4

40てん（□1つ10）

① けんたさんの かんがえ

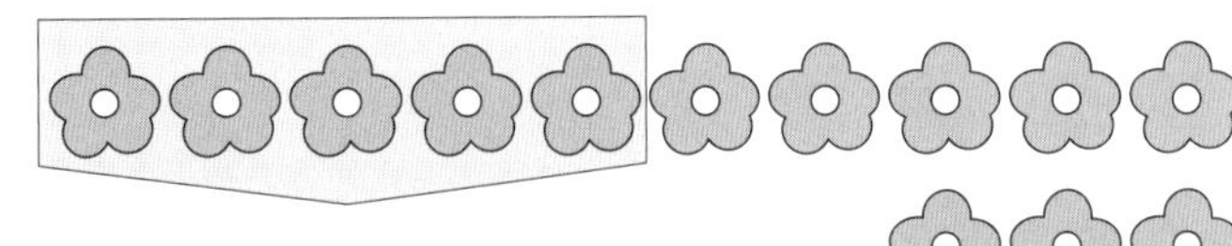

13を 10と 3に わける。

10から 5を ひいて [5]。

5と □を たして 8。

② くみさんの かんがえ

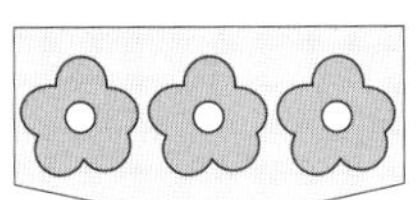

5を 3と 2に わける。

13から 3を ひいて [10]。

10から □を ひいて 8。

2 けいさんを しましょう。 教 下23ページ1

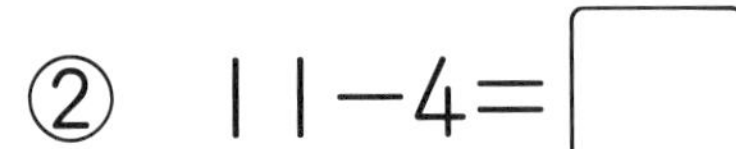

60てん（1つ10）

① 15−7=□　② 11−4=□

③ 17−8=□　④ 13−5=□

⑤ 12−6=□　⑥ 15−8=□

きほんの
ドリル
53。

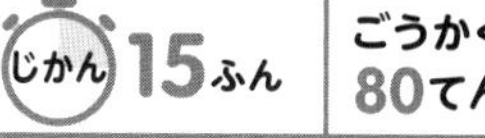

じかん 15ふん　ごうかく 80てん　/100

がつ　にち

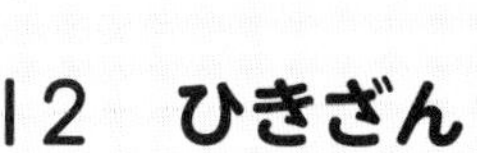

12 ひきざん
① ひきざん ……(4)

サクッと こたえ あわせ

こたえ 91ページ

＼もんだいを きちんと よもう！／

［おおきい　かずから　ちいさい　かずを　ひきます。］

1 ねこが　8ぴき、いぬが　13びき　います。どちらが　なんびき　おおいですか。 教 下24ページ5

30てん（しき20・こたえ10）

しき 

こたえ ［　　］が ［　］ひき　おおい。

2 おとこの子が　8人、おんなの子が　11人　います。どちらが　なん人　おおいですか。 教 下24ページ5

30てん（しき20・こたえ10）

しき ［　　　　］

こたえ ［　　］が ［　］人　おおい。

3 けいさんを　しましょう。 教 下24ページ1

40てん（1つ10）

① 11−9=［　］　② 12−3=［　］

③ 13−8=［　］　④ 16−7=［　］

きょうかしょ 下24ページ

じかん 15ふん　ごうかく 80てん　／100

がつ　にち

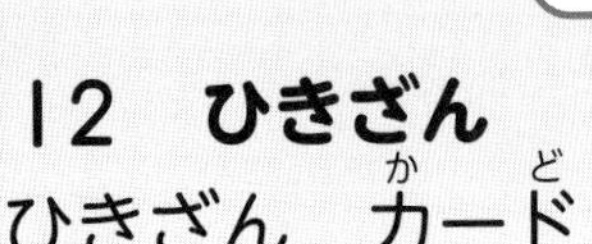

12 ひきざん
ひきざん　カード

＼もんだいを きちんと よもう！／

1 カードの　こたえを　せんで　むすびましょう。

教 下25〜26ページ　20てん(1つ5)

12−3	14−9	15−8	11−3
・	・	・	・
・	・	・	・
5	9	8	7

2 カードの　うらに　こたえを　かきましょう。 教 下25〜26ページ

60てん(1つ10)

おもて　うら

① 15−7 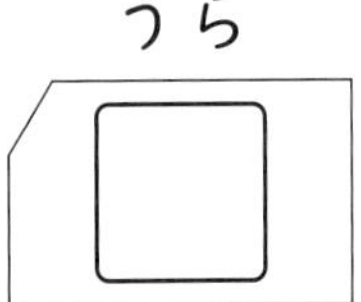　② 12−4 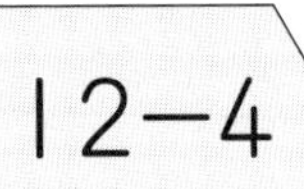 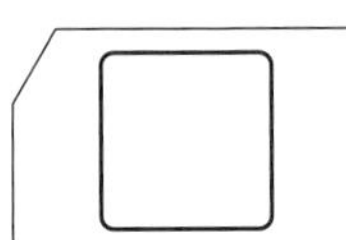

③ 16−9 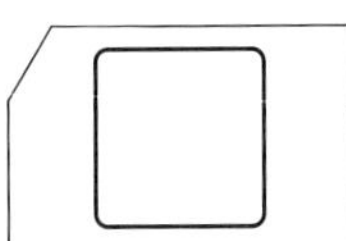　④ 13−6 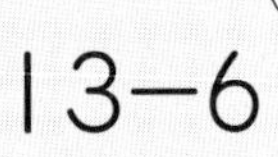 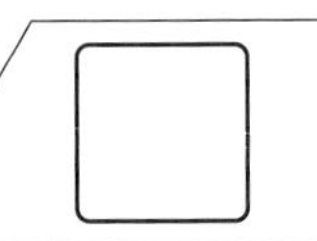

⑤ 14−5 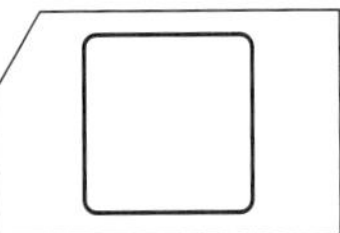　⑥ 17−8 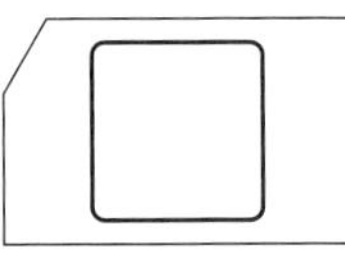

3 こたえが　おなじに　なるように、□に　かずを　かきましょう。 教 下25〜26ページ　20てん(□1つ10)

18−9 ― 17−□ ― 16−□

きょうかしょ 下25〜26ページ

じかん 15ふん　ごうかく 80てん　／100

がつ　にち

サクッと こたえ あわせ　こたえ 92ページ

12 ひきざん
② たすのかな ひくのかな

＼もんだいを きちんと よもう！／

1 かきは、ぜんぶで　なんこですか。　教 下27ページ 1

25てん（しき15・こたえ10）

しき 8+7=15

こたえ □ こ

2 くりを　18こ　ひろいました。9こ　たべました。のこりは　なんこに　なりましたか。　教 下27ページ ▶

25てん（しき15・こたえ10）

しき □　こたえ □ こ

3 はとが　7わ　います。5わ　くると　なんわに　なりますか。　教 下28ページ 2▶

25てん（しき15・こたえ10）

しき □　こたえ □ わ

4 いちごと　りんごでは、どちらが　なんこ　おおいですか。　教 下28ページ 3▶

25てん（しき15・こたえ10）

しき □

こたえ □ が □ こ　おおい。

ごうかく 80てん　/100

がつ　にち

12　ひきざん

1 けいさんを　しましょう。　60てん(1つ10)

① 13−9=□　② 13−5=□

③ 12−6=□　④ 17−8=□

⑤ 11−3=□　⑥ 14−7=□

2 いちごが　12こ　あります。7こ　たべると、のこりは　なんこですか。　15てん(しき10・こたえ5)

しき

こたえ

3 チョコレート(ちょこれいと)が　8こ、あめが　16こ　あります。どちらが　なんこ　おおいですか。　15てん(しき10・こたえ5)

しき

こたえ

4 こたえが　おおきい　ほうに　○を　つけましょう。　10てん(1つ5)

① 14−5　16−8
(　)　(　)

② 14−9　15−9
(　)　(　)

きょうかしょ 下19〜29ページ

きほんのドリル

57。

じかん 15ふん　ごうかく 80てん　／100

がつ　にち

サクッと こたえ あわせ

こたえ 92ページ

13　くらべて みよう

①　ながさくらべ

＼もんだいを きちんと よもう！／

1　どちらが　ながいですか。ながい　ほうに　○を　つけましょう。 教 下31～32ページ 1、33ページ 2　80てん（1つ20）

①　

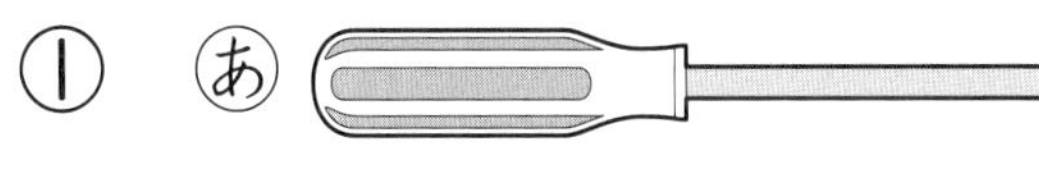
あ

あ（　　）

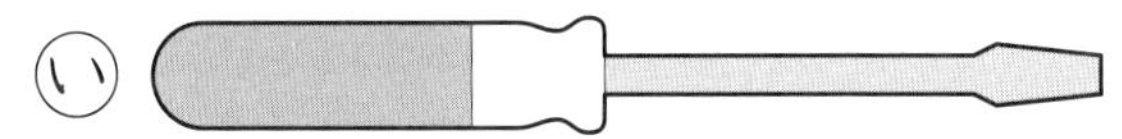
い

い（　　）

②

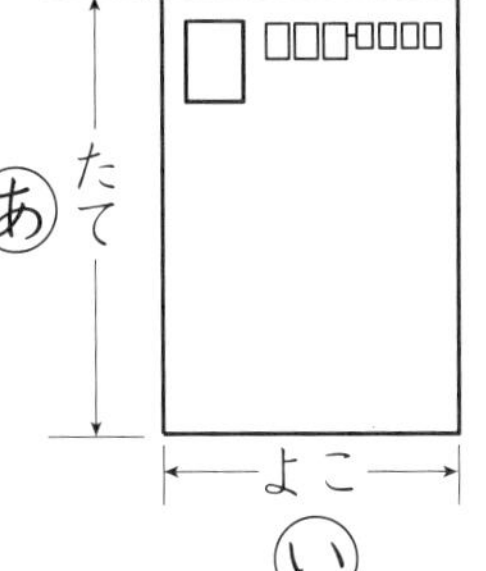

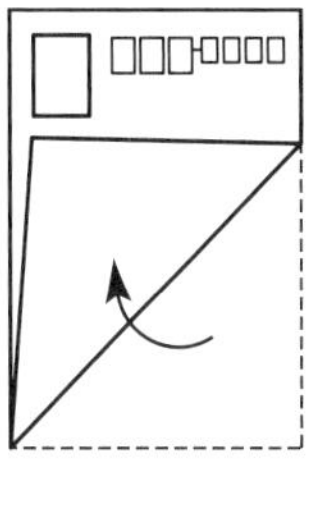

あ（　　）

い（　　）

③

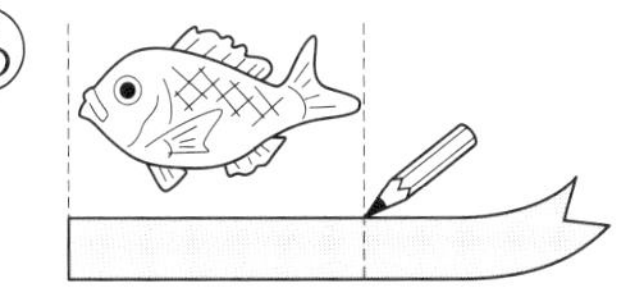
あ

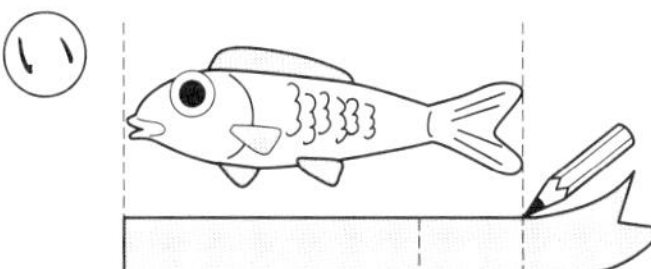
い

あ（　　）

い（　　）

④

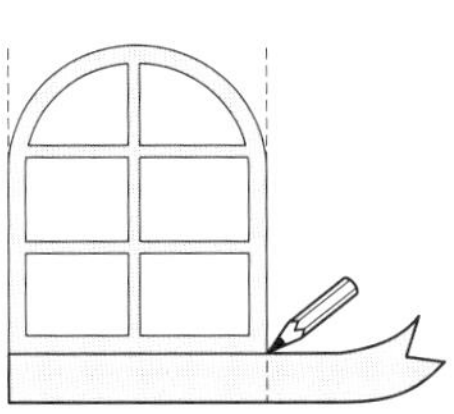
あ

い

あ（　　）

い（　　）

2　どちらが　ながいですか。ながい　ほうに　○を　つけましょう。 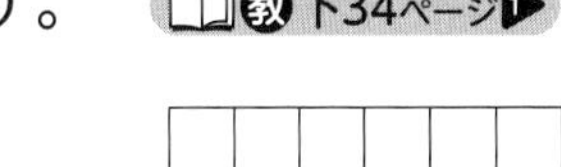 教 下34ページ 1　20てん

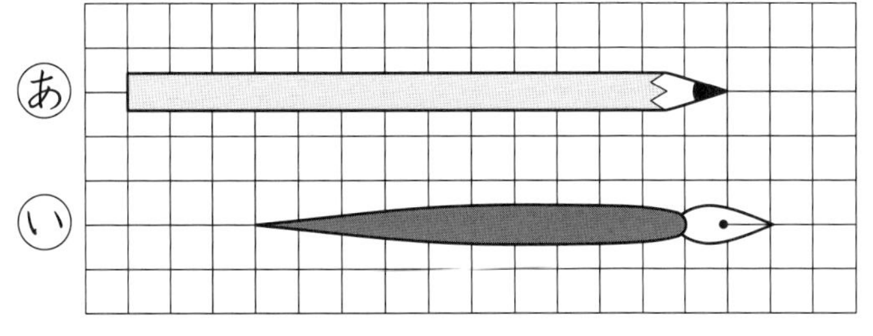

あ（　　）

い（　　）

きょうかしょ 下30～34ページ

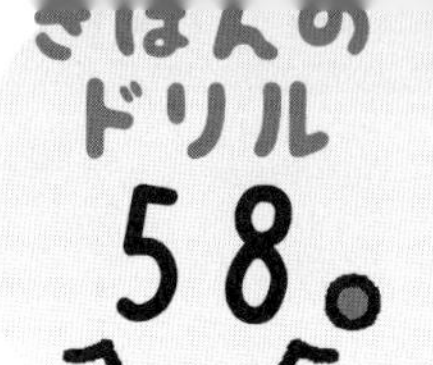

じかん 15ふん　ごうかく 80てん　／100

がつ　にち

サクッとこたえあわせ　こたえ 92ページ

13　くらべてみよう
②　かさくらべ

＼もんだいを　きちんと　よもう！／

1 水(みず)は　どちらが　おおく　入(はい)りますか。　教 下35ページ1

30てん(1つ15)

①

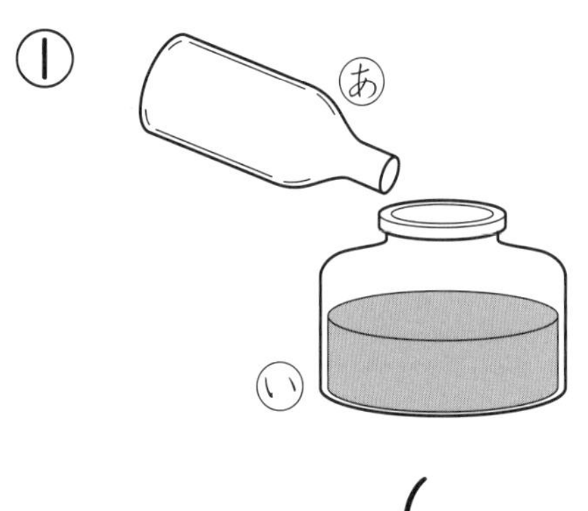

②

(　　　)　(　　　)

[コップ(こっぷ)に　なんばいぶん　あるかで、かさを　くらべます。]

2 水は　どれに　おおく　入って　いるでしょう。

教 下36ページ2、▶、37ページ2　70てん(①□1つ20、②10)

①　コップ で　なんばいぶんですか。

あ 　□はい

い 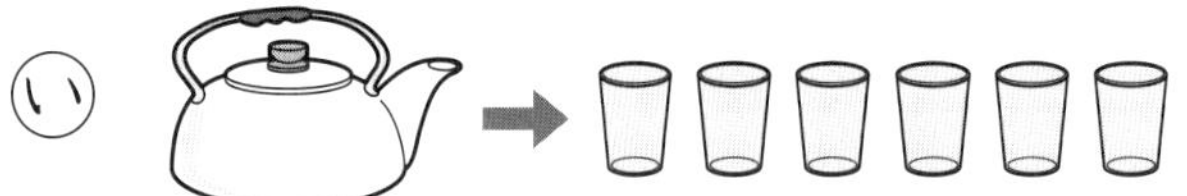　□ぱい

う 　□はい

②　どれが　いちばん　おおいですか。

(　　　)

がつ　にち

サクッと こたえ あわせ
こたえ 92ページ

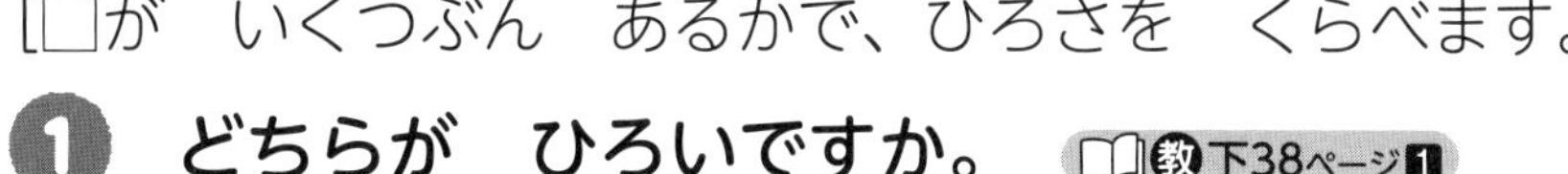

13 くらべてみよう
③ ひろさくらべ

＼もんだいを きちんと よもう！／

[□が　いくつぶん　あるかで、ひろさを　くらべます。]

1 どちらが　ひろいですか。 教 下38ページ 1 100てん(1つ20)

①

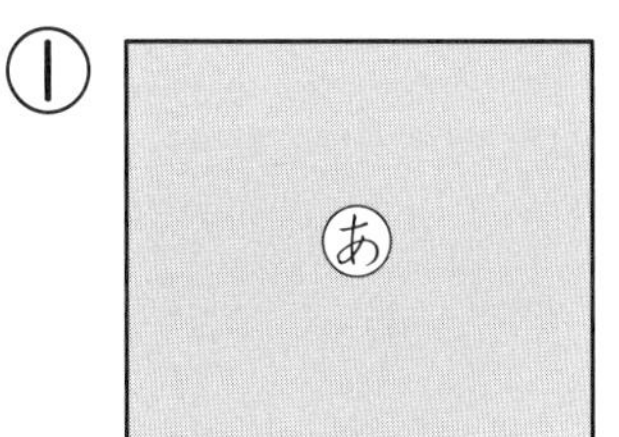

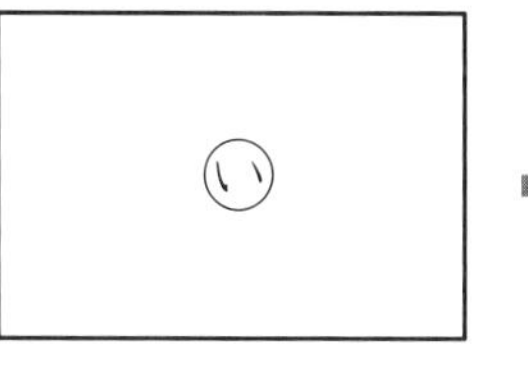

（　　　）

②

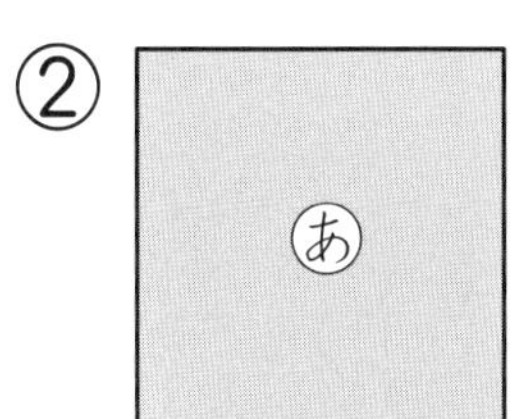

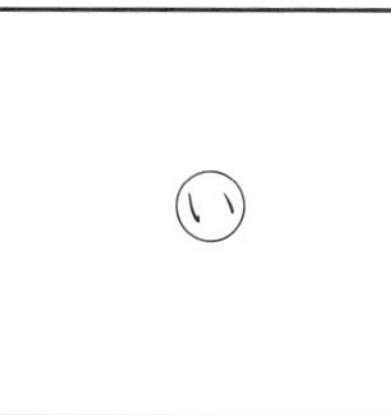

（　　　）

③ あ

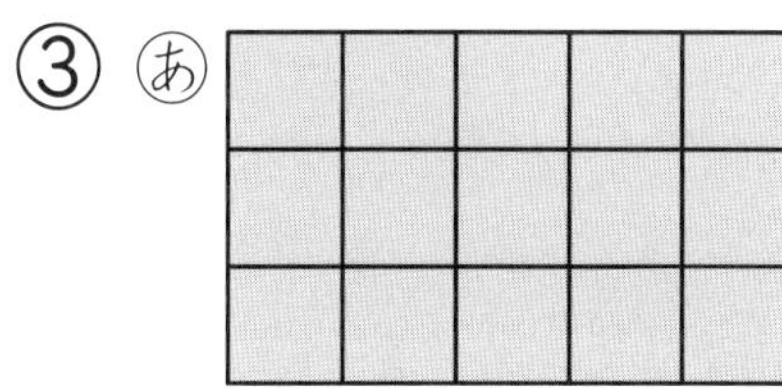

い

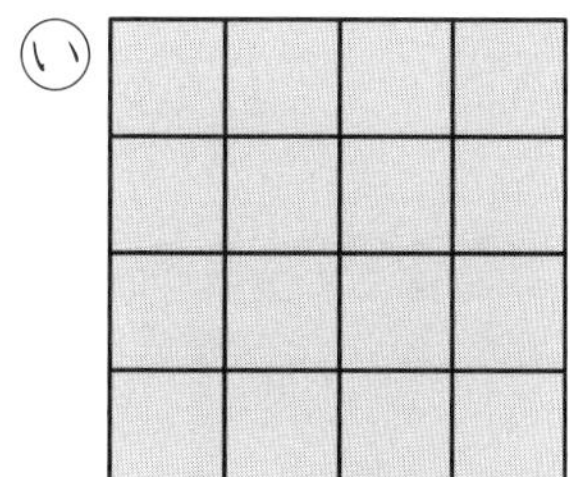

（　　　）

④ あ

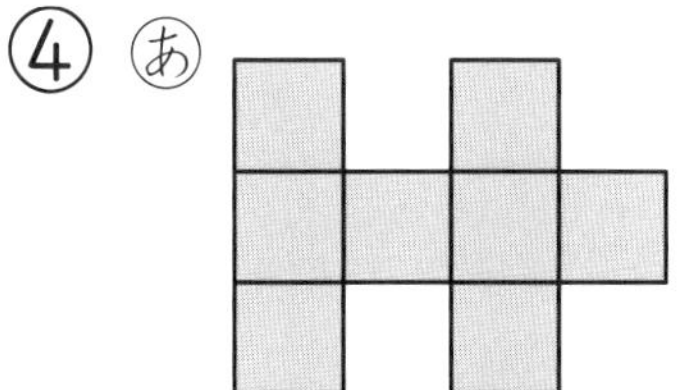

い

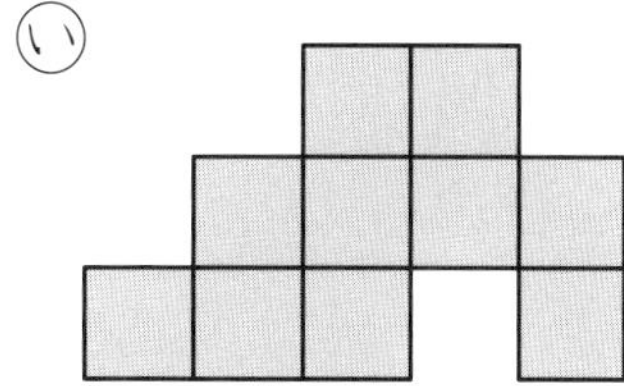

（　　　）

⑤ あ

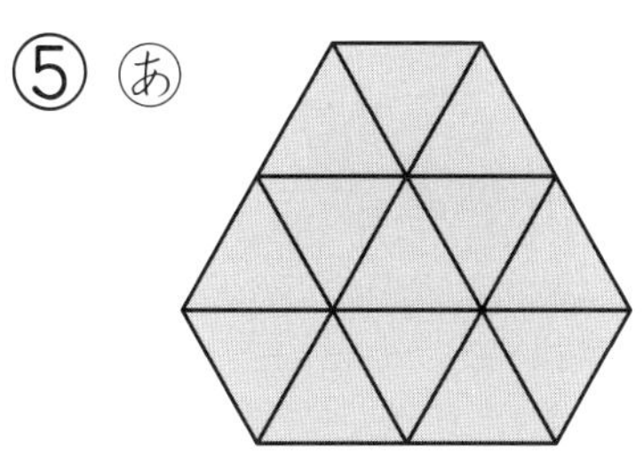

い

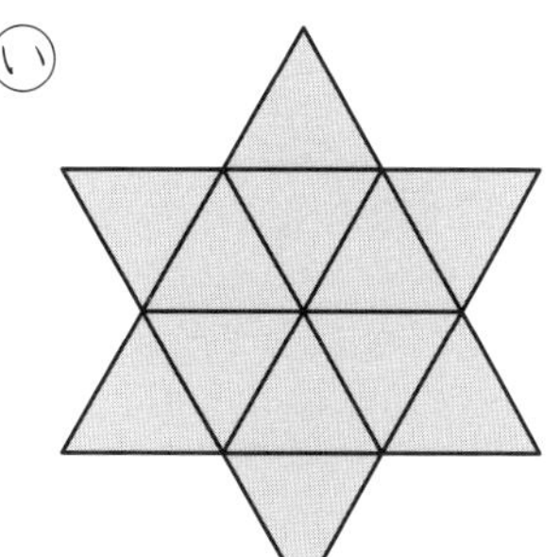

（　　　）

ふゆやすみの
ホームテスト
60

じかん 15ふん　ごうかく 80てん　/100

がつ　にち

サクッと こたえあわせ

こたえ 93ページ

10より　おおきい　かずを　かぞえよう
なんじ　なんじはん／かたちあそび

けいさんを　しましょう。

48てん（1つ6）

① 10+1　② 13+4

③ 17+2　④ 14+3

⑤ 14−4　⑥ 16−2

⑦ 18−5　⑧ 19−7

とけいを　よみましょう。

24てん（1つ8）

①

（　　　　）

②

（　　　　）

③

（　　　　）

おなじ　かたちの　なかまを　せんで　むすびましょう。

28てん（1つ7）

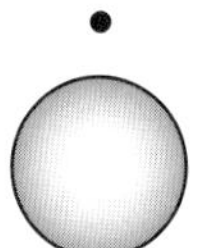

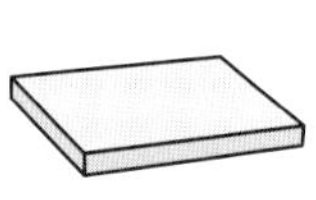

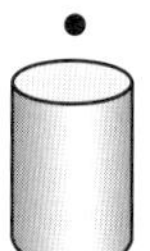

じかん 15ふん	ごうかく 80てん	/100

がつ　にち

サクッと こたえ あわせ

こたえ 93ページ

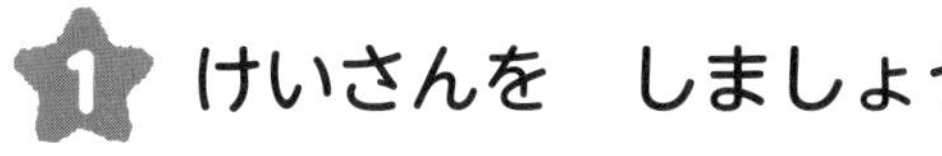

61。たしざん／ひきざん／くらべてみよう

1 けいさんを　しましょう。 40てん(1つ5)

① 5+6　② 4+8　③ 9+4

④ 7+7　⑤ 13−5　⑥ 11−3

⑦ 14−7　⑧ 18−9

2 なわとびを　しました。あきらさんは　16かい、みつこさんは　9かい　とびました。どちらが　なんかい　おおく　とびましたか。 30てん(しき20・こたえ10)

しき

こたえ

3 どちらが　ながいですか。 15てん

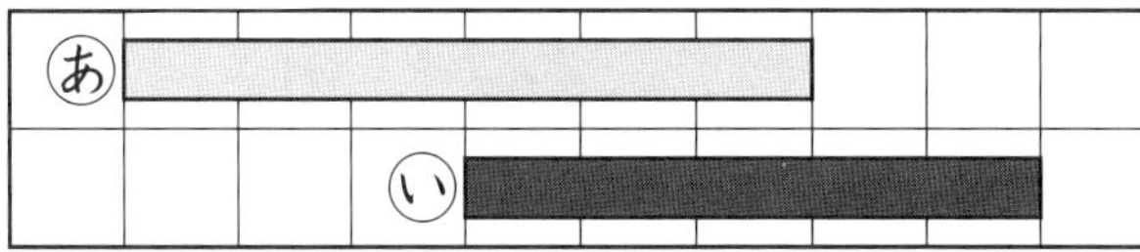

(　　)

4 どちらが　ひろいですか。 15てん

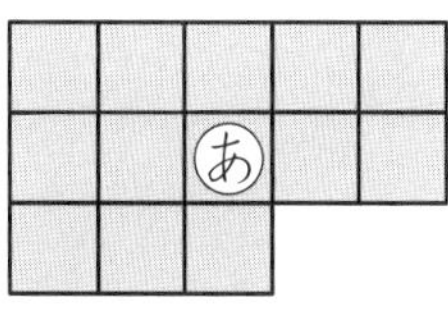

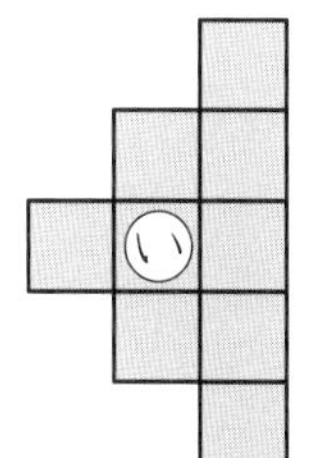

(　　)

14 かたちを つくろう ……(1)

\もんだいを きちんと よもう！/

1 の いろいたを ならべて、下(した)の かたちを つくります。いろいたを なんまい ならべれば できますか。

教 下42ページ1、43ページ1　60てん(1つ15)

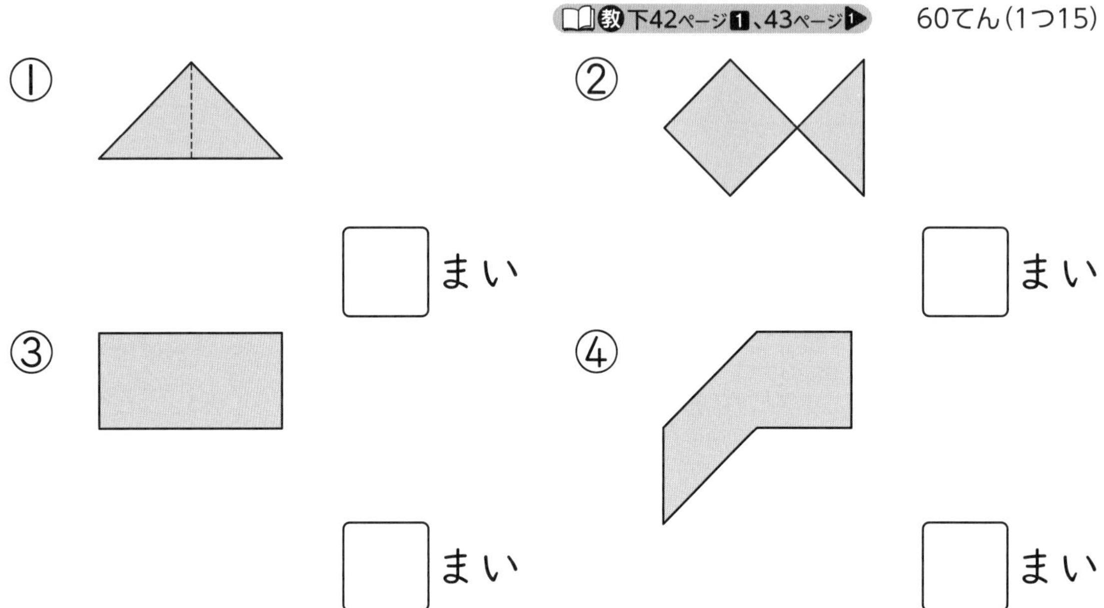

[いろいたを うごかして、ちがう かたちを つくって みましょう。]

2 ㋐の いろいたを 1まい うごかして、㋑の かたちを つくりました。うごかした ㋐の いろいたに ○を つけましょう。

教 下43ページ2　40てん(1つ20)

① ㋐ → ㋑

② ㋐ → ㋑

じかん 15ふん　ごうかく 80てん　／100

がつ　にち

サクッと こたえ あわせ
こたえ 93ページ

14　かたちを　つくろう　……(2)

＼もんだいを きちんと よもう！／

1　━━━の　ぼうを　つかって、下(した)の　かたちを　つくりました。ぼうを　なん本(ぼん)　つかえば　できますか。 📖教 下44ページ3　40てん(1つ8)

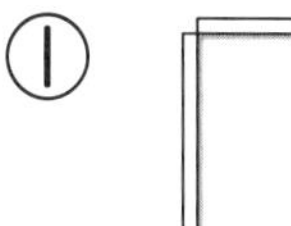

① 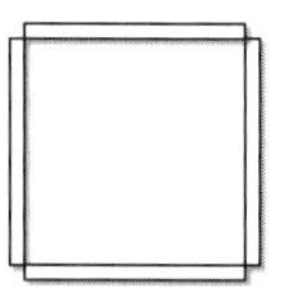

□本

②  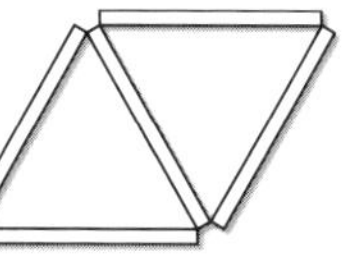

□本

③  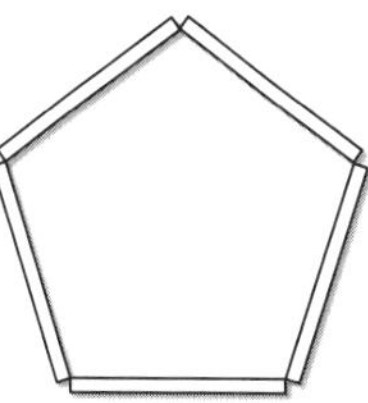

□本

④ 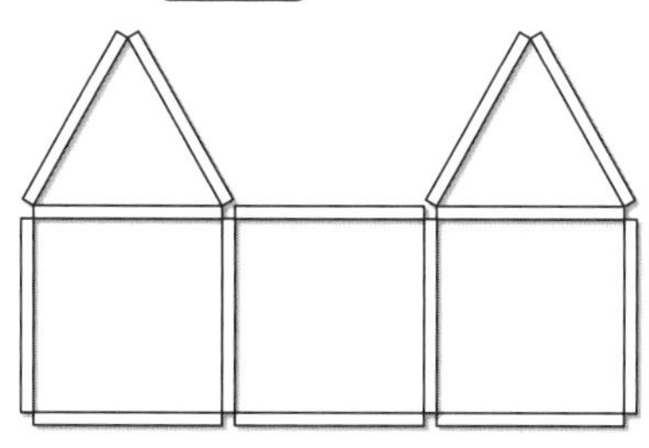

□本

⑤ 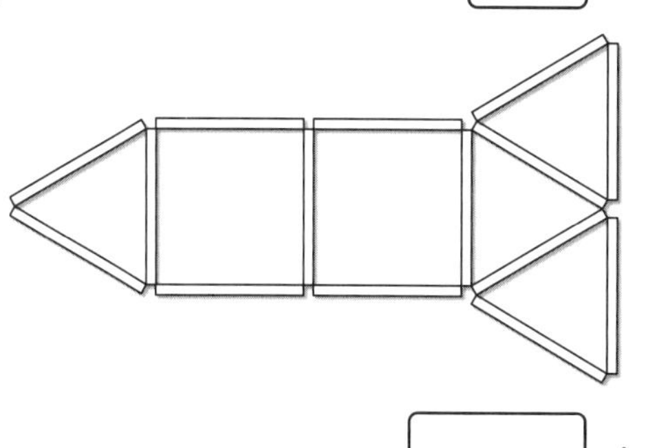

□本

2　・と　・を　せんで　つないで、おなじ　大(おお)きさの　かたちを　かきましょう。 📖教 下45ページ4　60てん(1つ15)

① 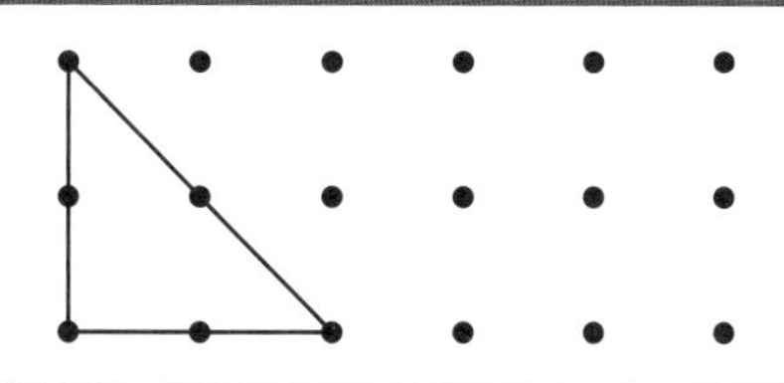

② 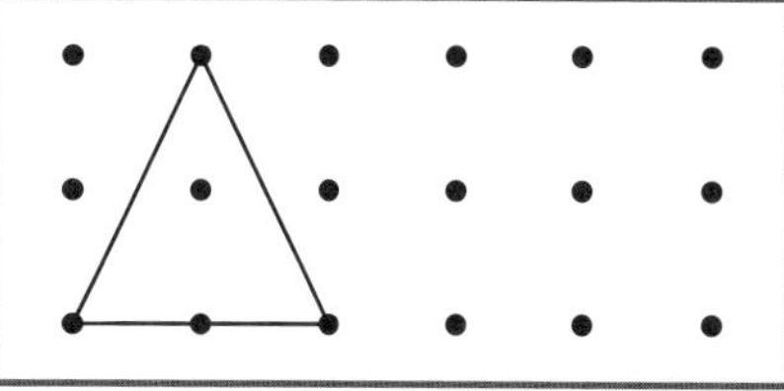

③ 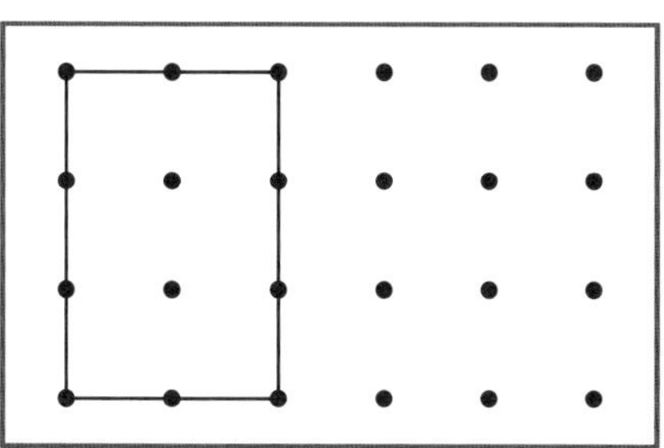

④ 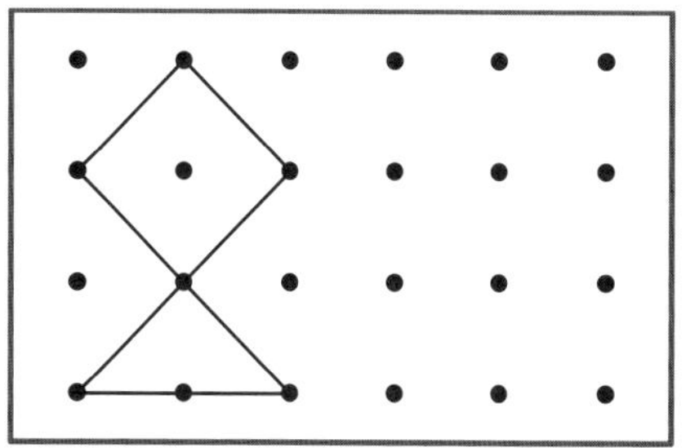

きょうかしょ📖 下44〜45ページ

15ふん　ごうかく 80てん　／100

がつ　にち

こたえ 94ページ

15 大(おお)きい　かずを　かぞえよう

① 100までの　かず　……(1)

＼もんだいを　きちんと　よもう！／

［ばらのへやに　1つも　ない　ときは、一(いち)のくらいの　すうじは　0と かきます。］

1 なんこ　あるでしょうか。　教 下46～47ページ **1**　　60てん(□1つ10)

①

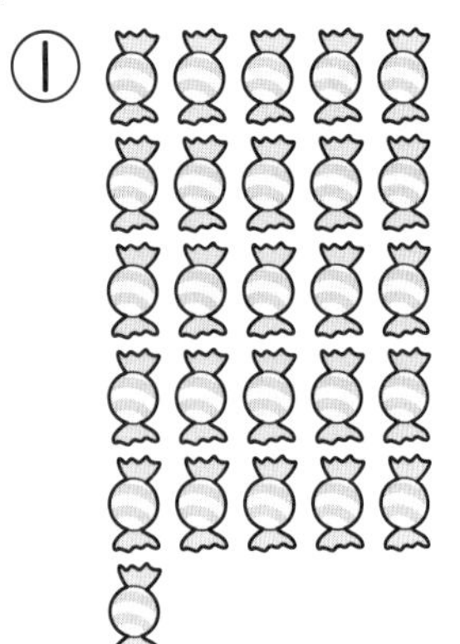

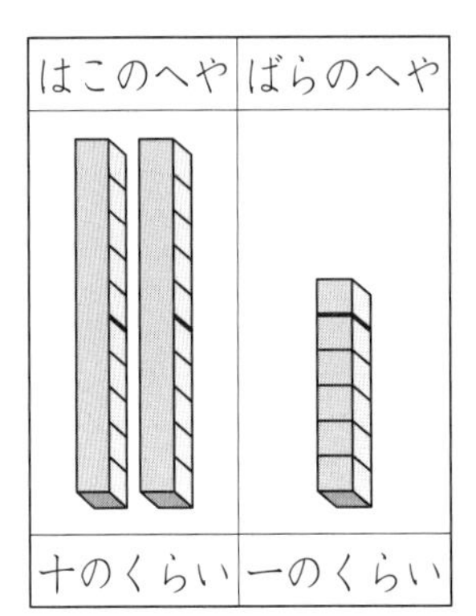

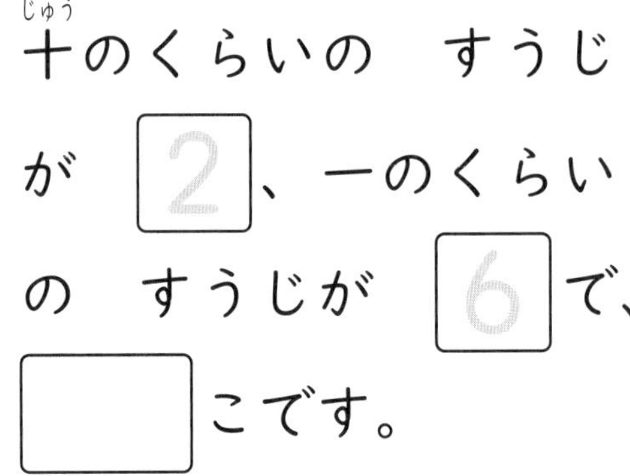

十(じゅう)のくらいの　すうじが　2 、一のくらいの　すうじが　6 で、□ こです。

②

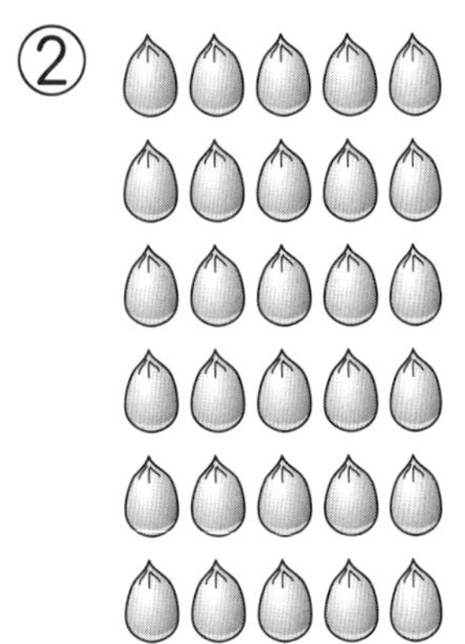

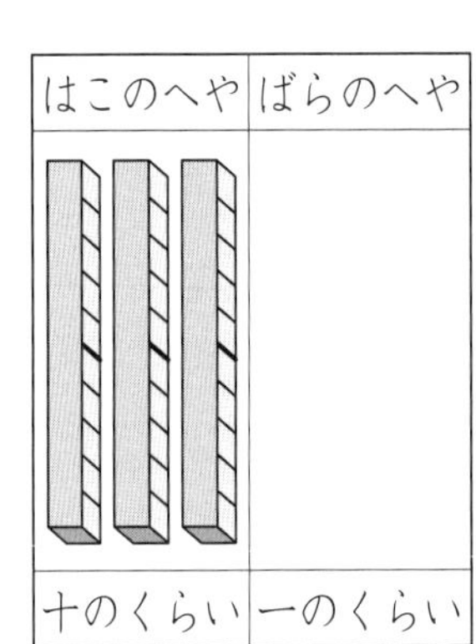

十のくらいの　すうじが　□ 、一のくらいの　すうじが　0 で、□ こです。

2 十のくらい、一のくらいの　すうじを　かきましょう。

教 下46～47ページ **1**　　40てん(□1つ10)

① 25は、

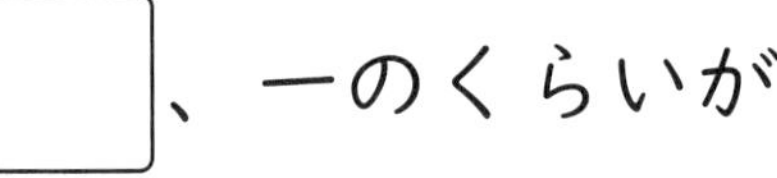

十のくらいが　□ 、一のくらいが　□ です。

② 38は、

十のくらいが　□ 、一のくらいが　□ です。

じかん 15ふん　ごうかく 80てん　／100

がつ　にち

サクッと こたえ あわせ　こたえ 94ページ

15 大きい(おお) かずを かぞえよう

① 100までの かず ……(2)

＼もんだいを きちんと よもう！／

1 つぎの かずを かきましょう。 教 下48ページ 2　20てん(1つ10)

①

十	一

□□

②

十	一

□□

2 □に かずを かきましょう。 教 下49ページ 1　50てん(□1つ10)

① 10が 9こと、1が 7こで □。

② 10が 8こで □。

③ 70は 10が □こ。

④ 49は 10が □こと 1が □こ。

十(じゅう)のくらいの かずは 10の まとまりが いくつと いう ことだね。

3 □に かずを かきましょう。 教 下49ページ 2　30てん(□1つ10)

① 十のくらいが 2で、一(いち)のくらいが 0の かずは □。

十のくらい、一のくらいの かずを まちがえないように ちゅういしましょう。

② 50の 十のくらいの すうじは □、一のくらいの すうじは □。

きょうかしょ 下48～49ページ

じかん 15ふん　ごうかく 80てん　/100

がつ　にち

15 大きい かずを かぞえよう
① 100までの かず ……(3)

1 りんごは なんこ ありますか。 教 下50〜51ページ 4

10てん

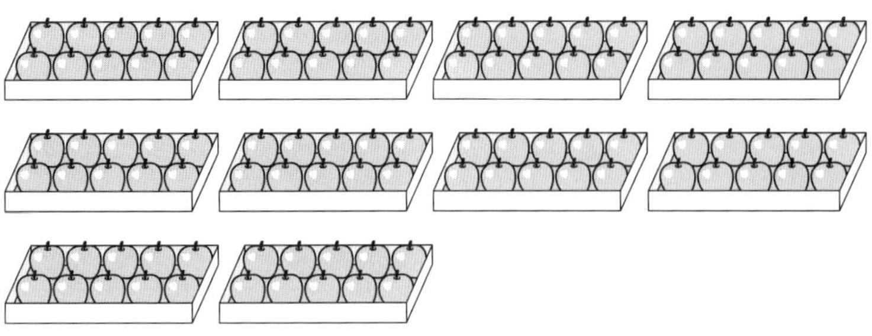

 こ

2 □に かずを かきましょう。 教 下51ページ 1

30てん(1つ15)

① （えんぴつ10本のたば）が 10こで □ 本(ぽん)。

② （ノート10さつのたば）が 10たばで □ さつ。

3 □に かずを かきましょう。 教 下53ページ、2、3

60てん(ぜんぶ できて 1つ15)

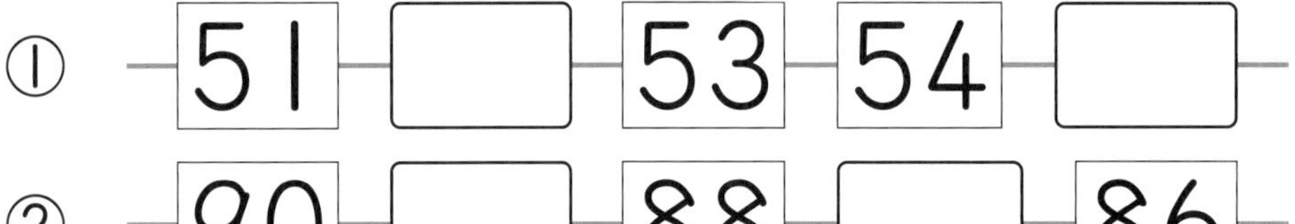

① 51 — □ — 53 — 54 — □

② 90 — □ — 88 — □ — 86

③ 90より 10 大きい かずは □。

④ 100より 30 小(ち)さい かずは □。

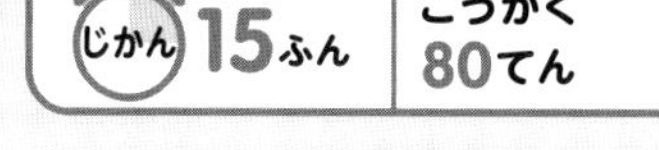

がつ　にち

こたえ 94ページ

15　大きい　かずを　かぞえよう
②　100より　大きい　かず

1　なん本　ありますか。　教 下54ページ 1　　20てん

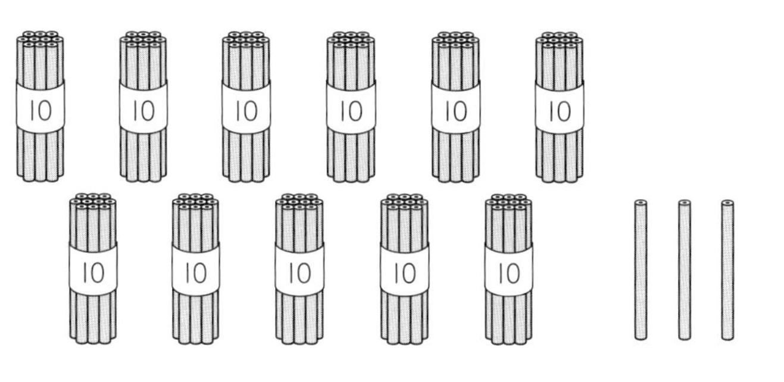

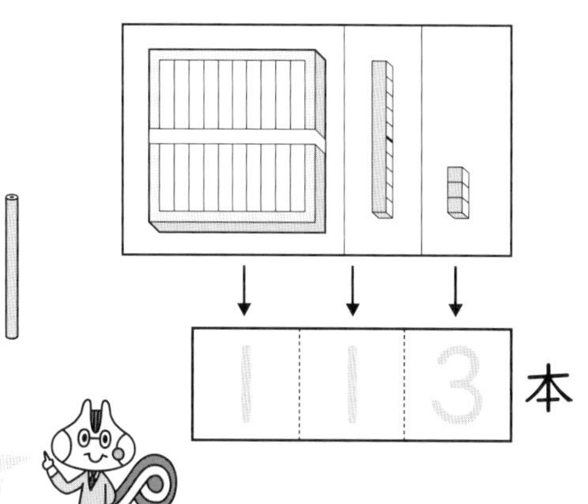

1	1	3

本

すうじの　かきかた、
よみかたに
ちゅういしましょう。

2　つぎの　かずを　かきましょう。　教 下54ページ ▶　　80てん（1つ20）

①

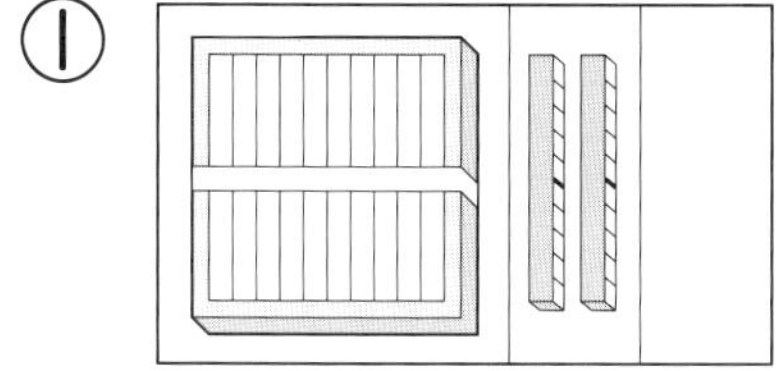

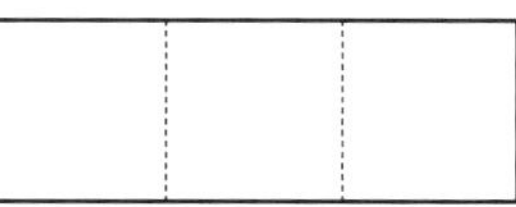

②

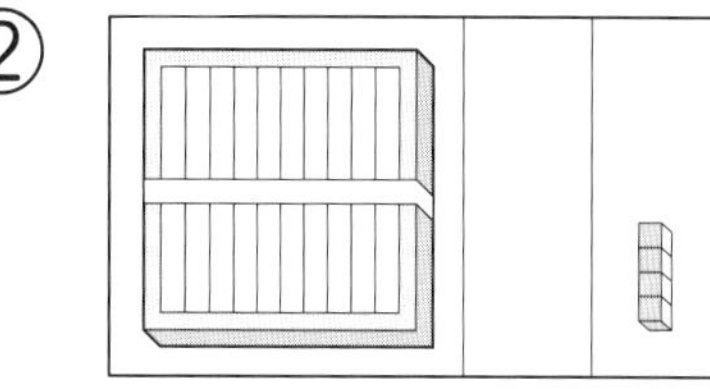

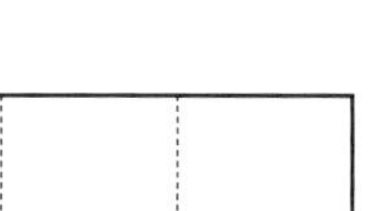

③

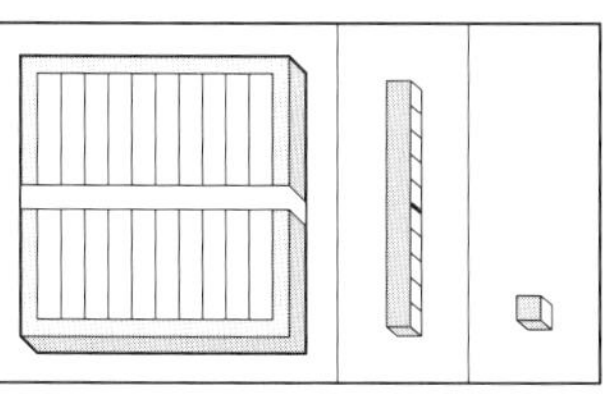

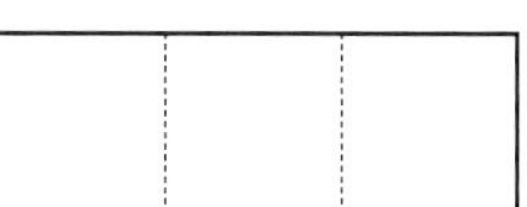

④

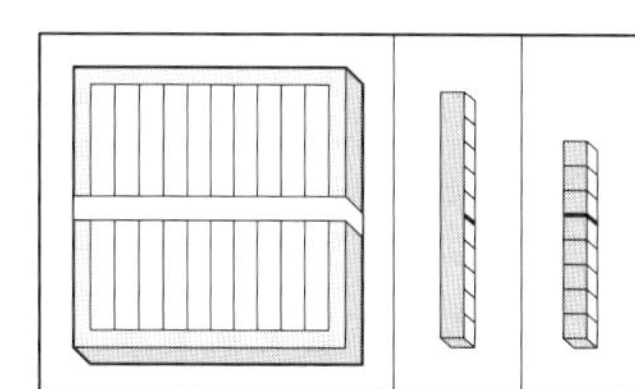

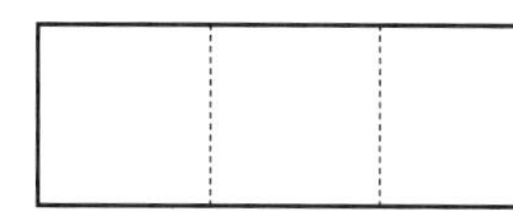

きょうかしょ 下54ページ

ごうかく 80てん　／100

がつ　にち

サクッと こたえ あわせ

こたえ 94ページ

15 大きい　かずを　かぞえよう
③ たしざんと　ひきざん ……(1)

＼もんだいを きちんと よもう！／

[(なん十)＋(なん十)の　けいさんを　しましょう。]

1 30＋40の　けいさんを　します。□に　あう　かずを　かきましょう。 教 下55ページ 1 25てん(□1つ5)

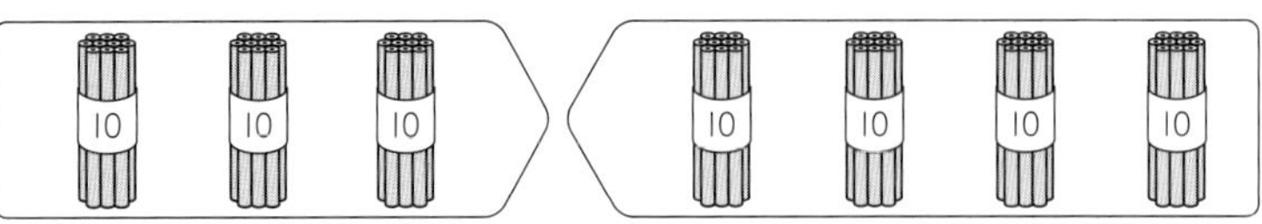

10の　たばが　[3]つと　[　]つ。あわせて　[　]つ。

10の　たばが　7つで　[　]。

30＋40＝[　]

2 赤い　あめが　50こ、青い　あめが　10こ　あります。あわせて　なんこ　あるでしょうか。 教 下55ページ 1

35てん(しき20・こたえ15)

しき [　]

こたえ [　]こ

3 けいさんを　しましょう。 教 下55ページ ▶ 40てん(1つ10)

① 30＋50＝[　]　② 10＋60＝[　]

③ 40＋40＝[　]　④ 20＋80＝[　]

きょうかしょ 下55ページ

じかん 15ふん ごうかく 80てん /100 がつ にち

サクッとこたえあわせ こたえ 95ページ

15 大きい かずを かぞえよう
③ たしざんと ひきざん ……(2)

\もんだいを きちんと よもう！/

[(なん十いくつ)＋(いくつ)の けいさんを しましょう。]

1 21＋7の けいさんを します。□に あう かずを かきましょう。 教下56ページ2 30てん(□1つ5)

① 21は 20と □。

② □に 7を たして □。

③ 20と □で □。

④ 21＋7＝□

2 ありが 32ひき います。6ぴき くると、ぜんぶで なんびきに なりますか。 教下56ページ1 30てん(しき20・こたえ10)

しき □

こたえ □ ぴき

3 けいさんを しましょう。 教下56ページ2 40てん(1つ10)

① 24＋5＝□　② 43＋4＝□

③ 80＋6＝□　④ 7＋62＝□

きょうかしょ 下56ページ

ごうかく 80てん ／100

がつ にち

サクッと こたえ あわせ

こたえ 95ページ

15 大(おお)きい かずを かぞえよう
③ たしざんと ひきざん ……(3)

＼もんだいを きちんと よもう！／

[(なん十(じゅう))−(なん十)の けいさんを しましょう。]

1 50−20の けいさんを します。□に あう かずを かきましょう。 教 下57ページ 3 25てん(□1つ5)

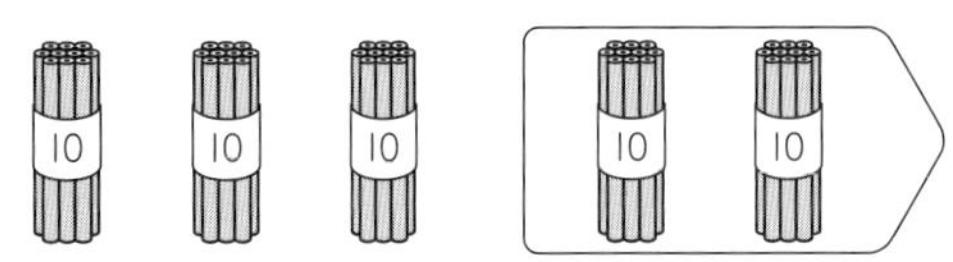

10の たばが □つ あります。□つ とると

のこりは 10の たばが □つで □。

50−20=□

2 おりがみが 40まい あります。10まいで ふうせんを おると、のこりは なんまいに なりますか。

教 下57ページ 1 35てん(しき20・こたえ15)

しき □

こたえ □まい

3 けいさんを しましょう。 教 下57ページ 2 40てん(1つ10)

① 30−20=□　② 70−50=□

③ 60−30=□　④ 100−10=□

きょうかしょ 下57ページ

きほんの
ドリル
71.

じかん 15ふん　ごうかく 80てん　/100　がつ　にち

こたえ 95ページ

15 大きい　かずを　かぞえよう
③ たしざんと　ひきざん　……(4)

＼もんだいを　きちんと　よもう！／

[(なん十いくつ)−(いくつ)の　けいさんを　しましょう。]

1 26−4の　けいさんを　します。□に　あう　かずを　かきましょう。 教下58ページ4　30てん(□1つ5)

① 26は　20と　□。

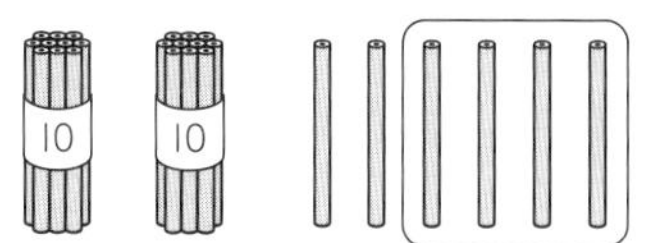

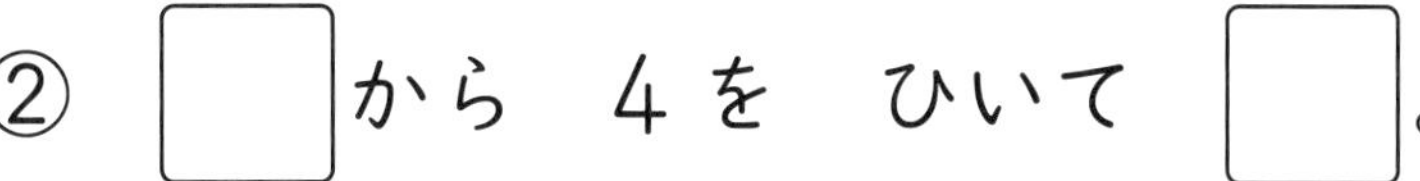

② □から　4を　ひいて　□。

③ 20と　□で　□。

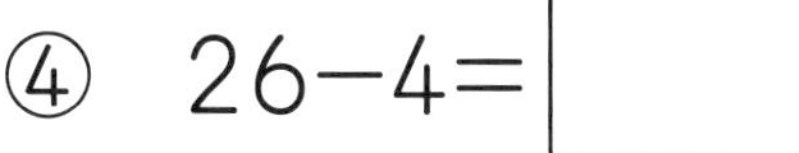

④ 26−4＝□

2 白い　花が　29本、きいろい　花が　7本 さいています。ちがいは　なん本ですか。 教下58ページ1

30てん(しき20・こたえ10)

しき □

こたえ □本

3 けいさんを　しましょう。 教下58ページ2　40てん(1つ10)

① 38−4＝□　② 78−6＝□

③ 59−7＝□　④ 96−4＝□

きょうかしょ 下58ページ

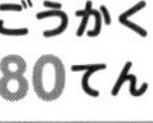

じかん 15ふん　ごうかく 80てん　／100

がつ　にち

15 大(おお)きい かずを かぞえよう

1 なん本(ぼん) ありますか。 20てん

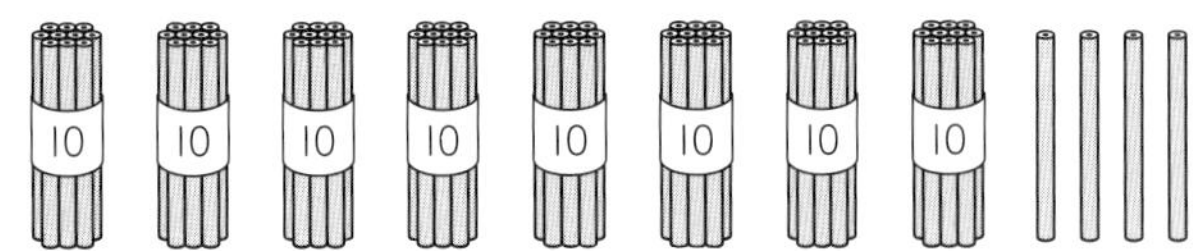

□本

2 □に かずを かきましょう。 40てん(ぜんぶ できて 1つ10)

① 10が □こと 1が □こで 82。

② 97は、あと □で 100。

③ 85より 4 小(ちい)さい かずは □。

④ 100より 60 小さい かずは □。

3 赤(あか)い あさがおが 7こ、青(あお)い あさがおが 22こ さきました。ぜんぶで なんこ さきましたか。

20てん(しき15・こたえ5)

しき □

こたえ □

4 けいさんを しましょう。 20てん(1つ5)

① 30+60=□　② 80−50=□

③ 5+73=□　④ 68−8=□

きょうかしょ 下46〜59ページ

16 なんじなんぷん ……(1)

サクッとこたえあわせ こたえ 95ページ

＼もんだいを きちんと よもう！／
[みじかい はりで なんじ、ながい はりで なんぷんを よみます。]

1 □に かずを かきましょう。 教 下60〜61ページ 1

20てん(□1つ10)

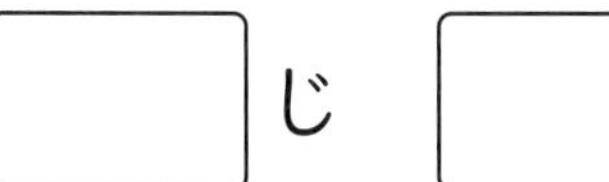

□じ □ふんに

は、学校(がっこう)で、べんきょうを
しています。

みじかい はりで なんじ、
ながい はりで なんぷんを
よみます。

2 なんじなんぷんですか。 教 下61ページ 1

80てん(1つ20)

①

(　　　　　)

「30ぷん」は
「はん」とも
いうね。

②

(　　　　　)

③

(　　　　　)

④

(　　　　　)

16　なんじなんぷん ……(2)

サクッとこたえあわせ
こたえ 95ページ

\もんだいを きちんと よもう！/

1 ながい　はりを　かきましょう。 教下62ページ2 60てん(1つ15)

① 5じ10ぷん

② 10じ13ぷん

③ 11じ25ふん

④ 2じ58ふん

2 なんじなんぷんですか。せんで　むすびましょう。

教下62ページ1 40てん(1つ10)

9じ25ふん	2じ30ぷん	11じ	4じ52ふん

じかん 15ふん ごうかく 80てん /100

がつ にち

17 たすのかな ひくのかな ずに かいて かんがえよう ……(1)

＼もんだいを きちんと よもう！／

1 ねこが 一(いち)れつに ならんでいます。たまは まえから 4ばん目(め)です。たまの うしろには 8ひき います。ねこは、ぜんぶで なんびきいますか。 教 下63ページ1 40てん(□1つ10)

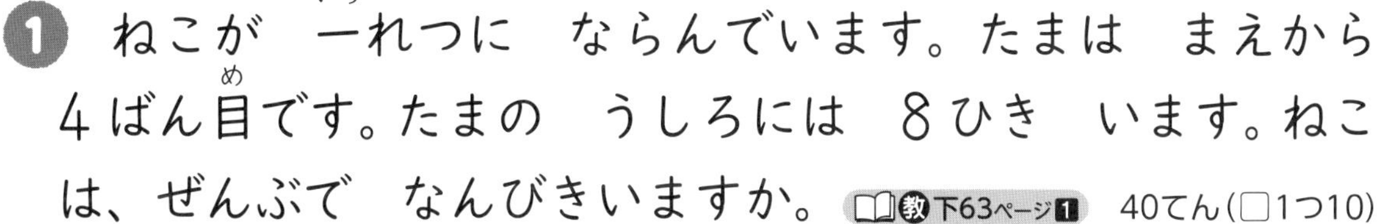

しき □ こたえ □ ひき

2 子(こ)どもが ならんで すわっています。ひろしさんは、左(ひだり)から 7ばん目、右(みぎ)から 5ばん目です。みんなで なん人(にん) いますか。 教 下64ページ1 20てん(しき15・こたえ5)

左 ●●●●●●●●●●● 右

しき □ こたえ □ 人

3 あめが 15こ あります。8人の 子どもに 1こずつ あげると、あめは なんこ のこりますか。

教 下65ページ2、66ページ1 40てん(□1つ10)

□こ

あめ

子ども

□人

8人の 子どもに
あげると、のこりは…

しき □ こたえ □ こ

きょうかしょ 下63〜66ページ

じかん 15ふん ごうかく 80てん /100 がつ にち

サクッと こたえ あわせ こたえ 96ページ

17 たすのかな ひくのかな ずに かいて かんがえよう ……(2)

\もんだいを きちんと よもう！/

1 うまが 8とう います。うしは うまより 5とう おおいです。うしは なんとう いますか。したの ずに ●を つけて かんがえましょう。

教 下67ページ3、▶ 40てん（ず ぜんぶ できて20・しき15・こたえ5）

うま ○○○○○○○○○○○○○○○
うし ○○○○○○○○○○○○○○○

しき □ こたえ □とう

2 赤い(あかい) ふうせんが 12こ あります。白い(しろい) ふうせんは 赤い ふうせんより 4こ すくないです。白い ふうせんは なんこ ありますか。したの ずに ●を つけて かんがえましょう。 教 下68ページ4、▶

40てん（ず ぜんぶ できて20・しき15・こたえ5）

赤 ○○○○○○○○○○○○○○○
白 ○○○○○○○○○○○○○○○

しき □ こたえ □こ

[おなじ かずに なるように わけます。]

3 クッキー(くっき)が 8こ あります。4人(にん)の 子(こ)どもに おなじ かずに なるように わけます。|人(ひとり)に なんこ ずつですか。 教 下69ページ1、▶ 20てん（しき15・こたえ5）

しき □＋□＋□＋□＝□ こたえ □こ

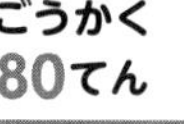

ごうかく 80てん　／100

がつ　にち

18　かずしらべ

＼もんだいを　きちんと　よもう！／

1 たかしさんは　シールを　あつめています。たかしさんが　もっている　シールの　かずを、つぎの　メモを　見て　かんがえましょう。　教 下72〜73ページ 1

メモ
ねこのシールは　6まい　もっている。
ぶたのシールは　ねこのシールよりも　1まい　すくない。
いぬのシールは　ぶたのシールよりも　4まい　おおい。
うさぎのシールは　いぬのシールよりも　2まい　すくない。

① それぞれの　シールの　かずを　かきましょう。
50てん（□1つ5）

ねこ　□まい。

ぶた　□−1＝□だから、□まい。

いぬ　□＋4＝□だから、□まい。

うさぎ　□−2＝□だから、□まい。

② それぞれの　シールの　かずだけ　○を　つけましょう。　20てん（ひょうの　1れつ5）

③ いちばん　おおい　シールと　いちばん　すくない　シールの　ちがいは　なんまい　ですか。
30てん

□

シールの　かず

○			
○			
○			
○			
○			
○			
ねこ	ぶた	いぬ	うさぎ

きょうかしょ 下72〜73ページ

じかん 15ふん　ごうかく 80てん　/100

がつ　にち

サクッと こたえあわせ　こたえ 96ページ

なんばんめかな／10より　おおきい　かず を　かぞえよう／かたちあそび

1 あてはまる　ものに　いろを　ぬりましょう。　20てん(1つ10)

① まえから　4だい

まえ  うしろ

② うしろから　4だいめ

まえ  うしろ

2 こうえんに　13人(にん)の　子(こ)どもが　います。2人(ふたり)　くると　ぜんぶで　なん人に　なりますか。

30てん(しき20・こたえ10)

しき □　　こたえ □人

3 おりがみが　15まい　あります。4まい　つかうと　のこりは　なんまいに　なりますか。　30てん(しき20・こたえ10)

しき □　　こたえ □まい

4 いえに　ある　もので　きかんしゃを　つくりました。えを　みて　こたえましょう。　20てん(1つ10)

① (円柱)と　おなじ　かたちは　□こ　あります。

② (直方体)と　おなじ　かたちは　□こ　あります。

じかん 15ふん　ごうかく 80てん　/100

がつ　にち

79。 たしたり　ひいたり　してみよう／たしざん　ひきざん／くらべてみよう

サクッと こたえあわせ
こたえ 96ページ

1 けいさんを　しましょう。　30てん（1つ5）

① 7+7=□　② 8+4=□

③ 12−6=□　④ 11−8=□

⑤ 5+5+4=□　⑥ 10−5−3=□

2 はとが　6わ　いました。2わ　とんできました。その　あと、3わ　とんでいきました。はとは　なんわに　なりましたか。　25てん（しき15・こたえ10）

しき □　こたえ □

3 こたえが　13に　なる　カード（かーど）に　○を　つけましょう。　20てん（1つ10）

8+8	6+7	9+5	4+6	8+5
(　)	(　)	(　)	(　)	(　)

4 いちばん　ながい　ひもは　どれですか。あ、い、うで　かきましょう。　25てん

(　　)

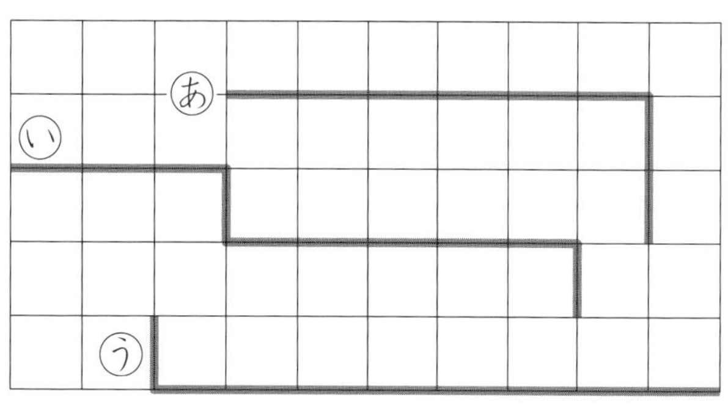

大(おお)きい　かずを　かぞえよう／なんじなんぷん／たすのかな　ひくのかな　ずに　かいて　かんがえよう

じかん 15ふん　ごうかく 80てん　／100

がつ　にち

サクッと こたえあわせ

こたえ 96ページ

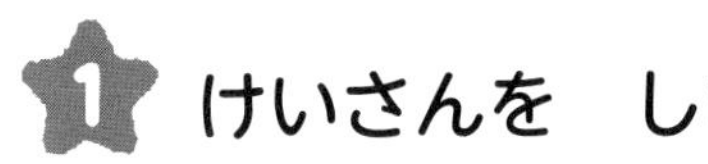

1 けいさんを　しましょう。　40てん(1つ10)

① 40+50=□　② 80−30=□

③ 7+42=□　④ 76−4=□

2 なんじなんぷんですか。　45てん(1つ15)

①

②

③

(　　　　)　(　　　　)　(　　　　)

3 えきで　11人(にん)　ならんで　います。ひろきさんは、まえから　6ばん目(め)に　います。ひろきさんの　うしろには　なん人　いますか。　15てん(しき10・こたえ5)

しき □

こたえ □

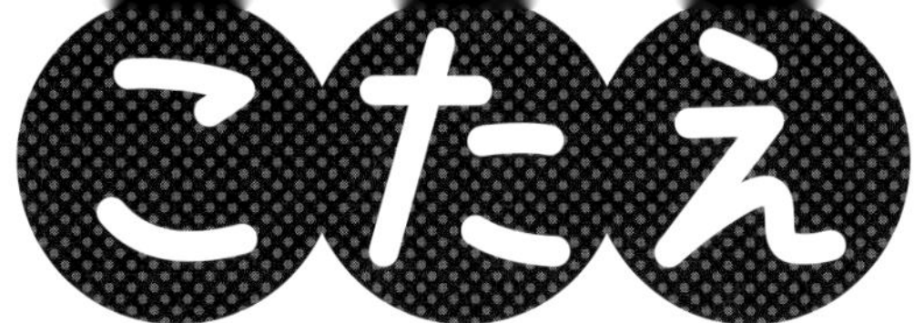

●ドリルやテストがおわったら、うしろの「がんばりひょう」にシールをはりましょう。
●まちがえたら、かならずやりなおしましょう。「考え方」もよみなおしましょう。

1. 1 10までの かず（1ページ）

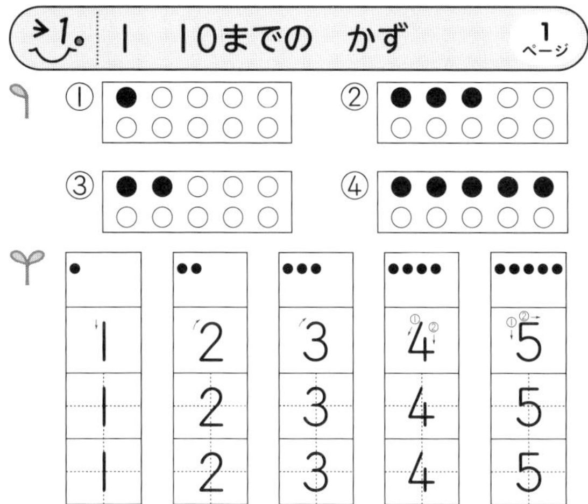

考え方 ① もの(絵)を指で押えながら、「いち、に、さん、…」と声に出して読み、ものと同じ数だけ○に色をぬらせます。○をぬるとき、どんな色を使うのかは自由です。同じ数だけぬっていれば、どのようなぬり方でも正解ですが、横にぬっていくのがよいでしょう。

2. 1 10までの かず（2ページ）

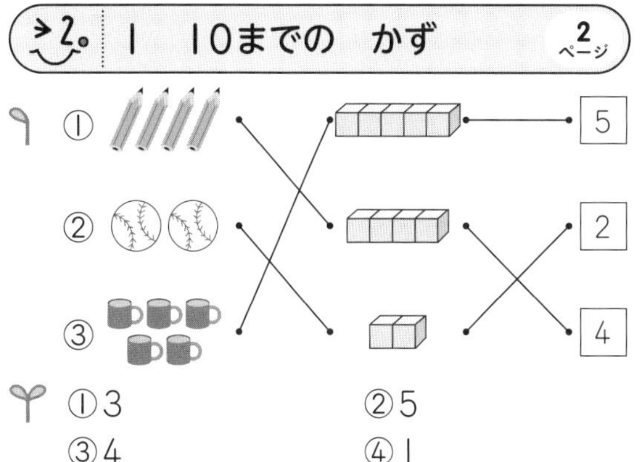

② ①3　②5　③4　④1

考え方 ① ものの数が数字で表せることを、具体物(もの)・半具体物(ブロック図)と数字を対応することで確認させます。
② 具体物の個数を数字で表します。数えまちがいのないように気をつけます。

3. 1 10までの かず（3ページ）

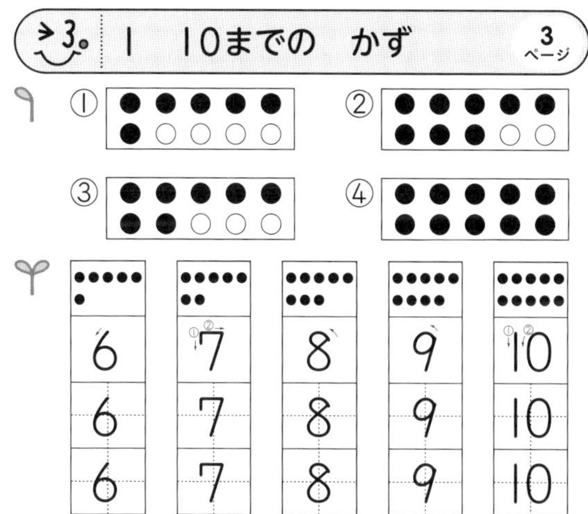

考え方 ② 7、8、9や10の0の書き方に注意させます。

4. 1 10までの かず（4ページ）

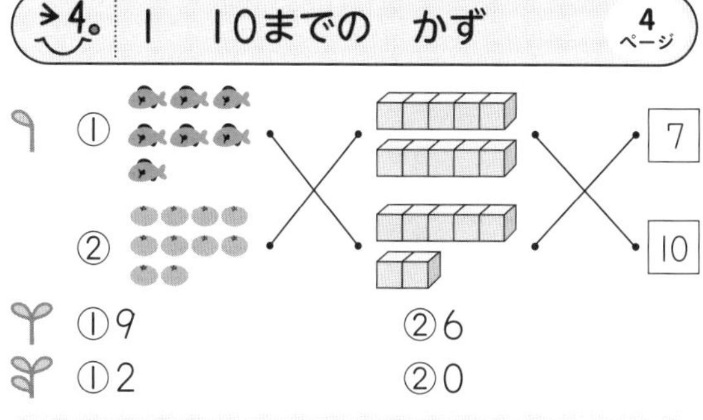

② ①9　②6
③ ①2　②0

考え方 ② ものの数が多くなってきました。2度数えたり、数えもれのないように気をつけます。
③ 0の書き方に気をつけます。0は、1つもないことを表す数字です。1つもなくても、数字で表せることを理解させます。

5 1 10までの かず 5ページ

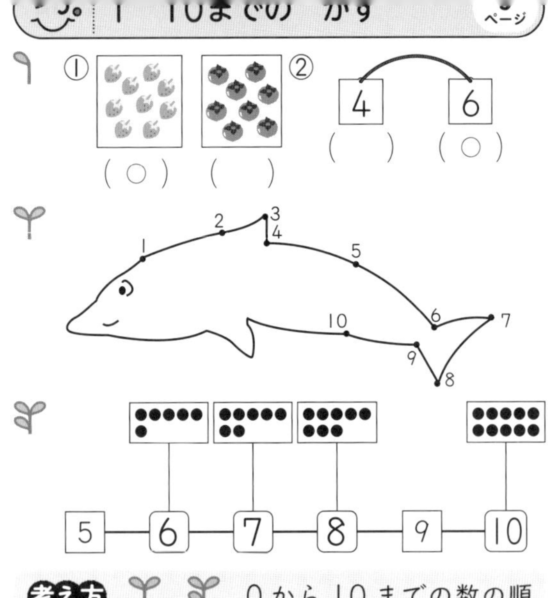

考え方 🌱、🌱 0から10までの数の順番を、しっかり覚えさせます。数は小さい数から順に1ずつ大きくなっています。0～10までの数をしっかり書けるようにさせます。

6 1 10までの かず 6ページ

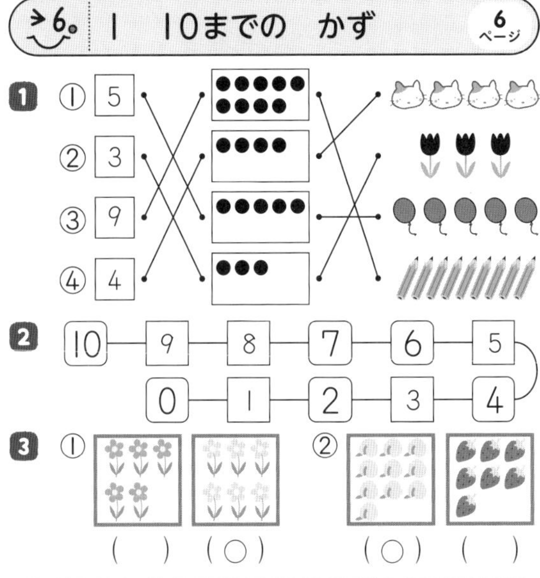

考え方 **2** 10から順に1ずつ小さくなっています。大→小と数が並んでいても、しっかり書いて唱えられるようにします。

おうちのかたへ 1～10までの数の読み書きや大小比較などについては、身のまわりのものを通して慣れさせるようにしましょう。

7 2 いくつと いくつ 7ページ

1
① 5 は 2 と 3
② 5 は 1 と 4
③ 6 は 2 と 4
④ 6 は 5 と 1

2 ①2 ②4

3 ①1と5 ②3と3

4 ①4 ②2

考え方 数の分解や合成について学習します。いろいろな組み合わせがあることを理解させます。

8 2 いくつと いくつ 8ページ

1
① 8 は 4 と 4
② 8 は 3 と 5

2
① 9 は 2 と 7
② 9 は 5 と 4

3 ①6 ②1 ③8 ④3

4 (じゅんに)①5、3 ②4、5

考え方 8と9の数の分解、合成です。
3 数字だけでわかりにくい場合は、**4**のように、おはじきなどを用いて理解させます。

9 2 いくつと いくつ 9ページ

1 ①1 ②3
③(じゅんに)4、6

2
① 10 は 5 と 5
② 10 は 8 と 2
③ 10 は 3 と 7
④ 10 は 6 と 4

3

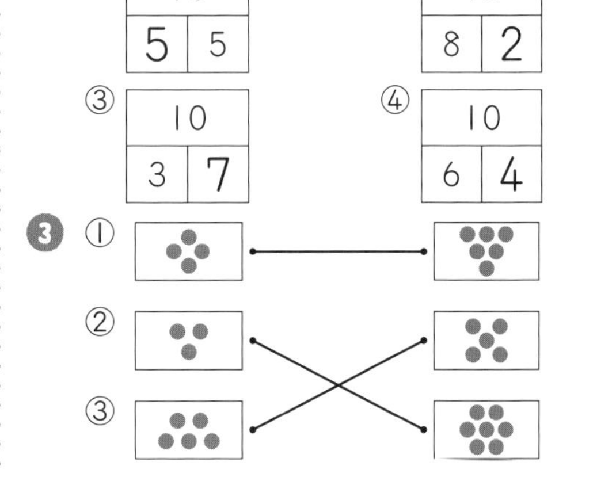

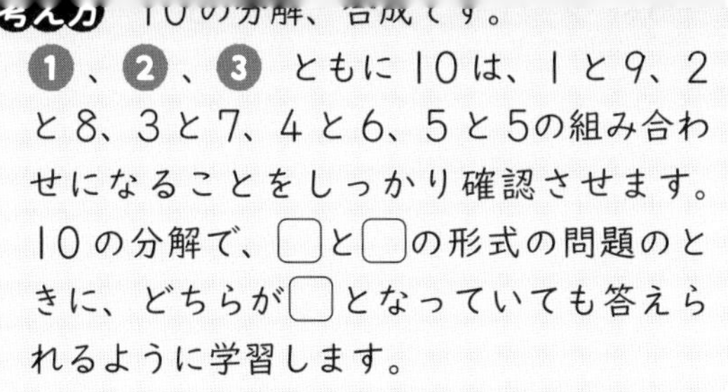

考え方 10の分解、合成です。
❶、❷、❸ ともに10は、1と9、2と8、3と7、4と6、5と5の組み合わせになることをしっかり確認させます。10の分解で、□と□の形式の問題のときに、どちらが□となっていても答えられるように学習します。

10. 3 なんばんめかな 10ページ

❶ ①2 ②3

❷ ① ② ③

考え方 何番目といった順番を表す順序数では、まず、「前から」「後ろから」の数え始めの基準をきちんと押さえさせます。

11. 3 なんばんめかな 11ページ

❶ ① ② ③

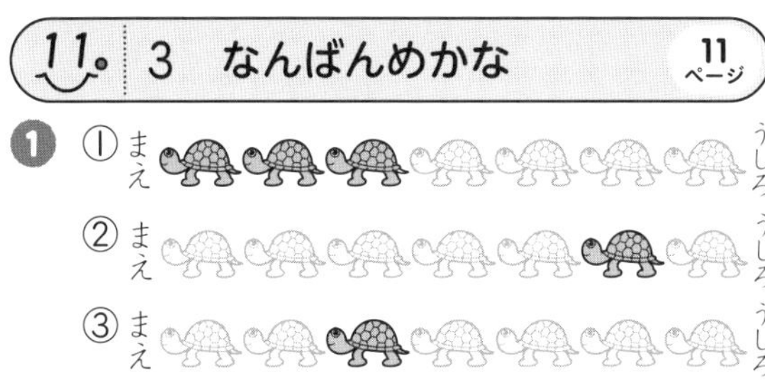

❷ ①2 ②4 ③3

❸ 6

考え方 ❶「右から何人」や「前から何こ」は、ものの集まりを表す数で集合数といいます。①は、集合数です。②③は、何番目といった順序を表す順序数です。集合数と、順序数を比較しながら、「前から」「後ろから」をよく練習しましょう。
❷ 上下の位置関係を数で表し、上から、下からという言葉を使って、表現できるようにします。
❸ 右からと指示された位置を、しっかり確認できるようにします。

12. いくつ 12ページ

❶ しき 3+[1]=[4]
こたえ [4]ひき

❷ しき [1]+[2]=[3]
こたえ [3]ぼん

❸ ①5 ②4
③4 ④5

考え方 たし算の学習です。「あわせて」「ぜんぶで」「みんなで」などはたし算の式に表せることや、+、=の記号の読み方、書き方を覚えます。たし算は、もとの数に対して答えの数が増えるときに使うことを理解させます。

13. 4 あわせて いくつ ふえると いくつ 13ページ

❶ しき [3]+[5]=[8]
こたえ [8]とう

❷ しき [5+2=7]
こたえ [7]ひき

❸ ①6 ②7
③8 ④8
⑤7 ⑥9

考え方 ❶、❷ 文章題を読んで、どのような場面かをとらえて立式し、答えを求められるようにします。「あわせて」「ぜんぶで」という言葉に着目させます。
たし算の計算に慣れないうちは指を使って数えてもいいです。2つの数を合わせるときは「+」の記号を使い、答えを書くときは「=」を式につけ加えることを確認させます。

14. 4 あわせて いくつ ふえると いくつ 14ページ

❶ しき 6+[1]=[7]
こたえ [7]ひき

❷ しき [2+6=8]
こたえ [8]こ

❸ ①8 ②9
③8 ④9
⑤9 ⑥7

考え方 ❶、❷ たし算には、合併(「あわせて」「ぜんぶで」「みんなで」)、増加(「ふえると」)の2つの意味があります。ここでは、増加について学習します。「ふえると　いくつ」という考え方をもとに式を立てられるようにします。

15. 4 あわせて いくつ ふえると いくつ　15ページ

❶ しき　4+[3]=[7]　こたえ　[7]わ
❷ しき　[6+2=8]　こたえ　[8]ぽん
❸ ①9　②7　③6
④7　⑤6　⑥8

考え方 ❶、❷ 「くると」「もらうと」も増加の意味であることをつかませます。

16. 4 あわせて いくつ ふえると いくつ　16ページ

❶ (じゅんに)6、4、あわせて(ぜんぶで)
❷ ①10　②10　③10　④10
⑤10　⑥10　⑦10

考え方 すべて、たして10になる計算です。くり上がりのある計算の基礎になります。

17. 4 あわせて いくつ ふえると いくつ　17ページ

❶
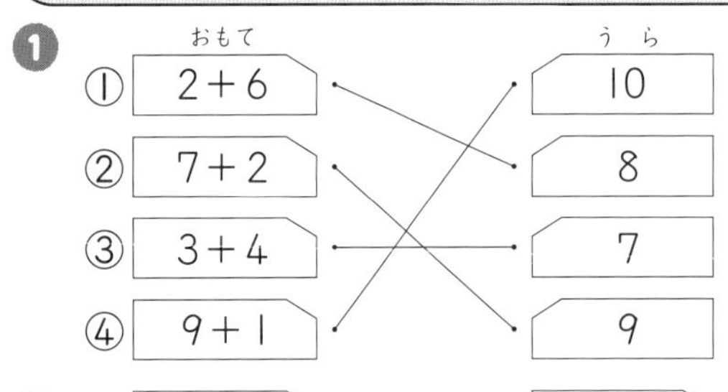

❷
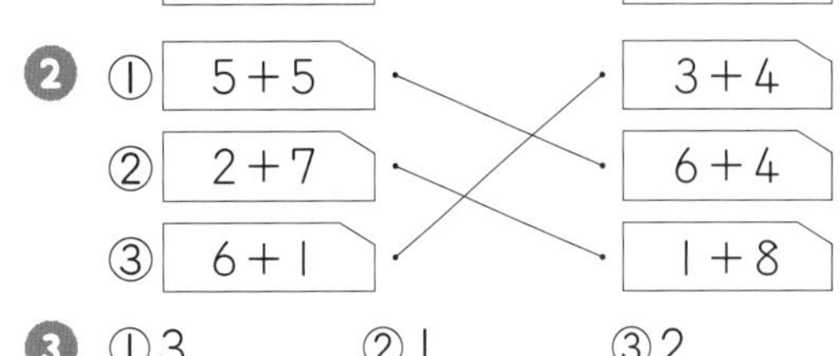

❸ ①3　②1　③2

考え方 たし算カードを使うことで、たし算の習熟を図ります。式を見て答えをいう(書く)、答えを見て式をいう(書く)など、いろいろな練習方法があります。
❷ 同じ答えになるたし算は、1つだけではないことに気づかせます。

18. 4 あわせて いくつ ふえると いくつ　18ページ

❶ ①　3+1=[4]
②　3+[0]=[3]
③　[0]+[0]=[0]
❷ ①5　②9
③3　④6
⑤8　⑥7
⑦0　⑧1

考え方 0は1つもないことを表し、たしても数は増えないことを理解させます。

19. 4 あわせて いくつ ふえると いくつ　19ページ

❶ しき　[4+5=9]　こたえ　[9だい]
❷ しき　[3+0=3]　こたえ　[3つ]
❸ ①5　②2
③6　④4
⑤1　⑥4

考え方 ❶、❷ 式を書くときは、たされる数とたす数の違いを意識させ、答えには必ず単位をつけることを忘れないように注意させます。
❸ 答えが7になるたし算は、いくつもあることを理解させます。

おうちのかたへ　たし算の文章題では、「あわせて」、「くると」などのキーワードが必ず含まれています。それに気づくことが大切であることを教えてあげてください。

20. 5 のこりは いくつ ちがいは いくつ　20ページ

❶ しき　[5]−[1]=[4]　こたえ　[4]こ
❷ しき　[3]−[1]=[2]　こたえ　[2]ひき
❸ ①1　②2
③1　④3

考え方 ひき算の学習です。「のこりは　いくつ」はひき算の求残にあたり、ひき算の式に表せることを理解させます。同時に、−(ひく)の記号の読み方、書き方を理解させます。また、ひき算では、大きい数から小さい数をひくということを、よく理解させてください。

❶ しき 8−5=3

こたえ 3こ

❷ しき 9−4=5

こたえ 5まい

❸ ①5　②5
③2　④4
⑤1

考え方 ❶、❷「とると」「つかうと」も求残の問題です。取ったあと、使ったあとの残りの数はもとの数より少なくなり、ひき算の式に表せることに気づかせます。

22。5 のこりは いくつ ちがいは いくつ　22ページ

❶ しき 7−4=3　こたえ 3こ

❷ しき 9−5=4　こたえ 4わ

❸ ①7　②7
③1　④2
⑤2

考え方 ❶、❷ 文章題を読んで、どのような場面かをとらえて立式し答えを求められるようにします。

ここでは、残りを出すためにひき算を用います。ひき算をどんな場合に用いるのか、ここでもう一度確認しておきましょう。

23。5 のこりは いくつ ちがいは いくつ　23ページ

❶ しき 10−4=6　こたえ 6さつ

❷ しき 10−7=3　こたえ 3まい

❸ ①7　②2
③5　④9
⑤1　⑥4

考え方 ❶、❷ 全体から部分を求める求部分(求補)の問題です。全体の数が10ですが、10までの場合はもう一方の部分の数を求めることは比較的容易です。ここでは、ひき算の立式とともに、一方の部分を出すには、全体からもう一方の部分を取り除けばよいということを、十分に理解させてください。

いくつ　24ページ

❶ ①2(こ)
②0(こ)
③4(こ)

❷ しき 5−5=0

こたえ 0わ

❸ ①0　②2
③7　④0
⑤0

考え方 0のひき算の学習です。絵やおはじきなどを使って理解を深めましょう。

❶ ②ひき算は、多い方の数から少ない方の数をひきますが、同じ数どうしでもひき算ができることに気づかせます。

③どんな数から0をひいても変わりはないことを理解させます。

❷ 5から5をひけば1つもなくなるので、答えは0になります。

25。5 のこりは いくつ ちがいは いくつ　25ページ

❶ しき 7−4=3

こたえ 3びき おおい。

❷ しき 8−3=5

こたえ 5こ すくない。

❸ しき 9−7=2

こたえ ぷりんが 2こ おおい。

考え方 ひき算で違いを求める求差について学習します。違いを求めるときも、ひき算を使うことや、「何個多い」、「何個少ない」というときも、数の違いを求めるので、ひき算の式に表せることを理解させます。

❶ きつねとぶたの数の差を求めます。「どちらが多いか」ということを答えるだけなら立式の必要はありませんが、「何びき多い」となると立式の必要が出てきます。きつねとぶたの絵を1つずつ線で結び、式と答えを確認させましょう。

26. 5 のこりは いくつ ちがいは いくつ 26ページ

❶ ①(じゅんに)7、3、のこり
②(じゅんに)7、3、りんご、みかん

❷ しき 8−5=3 こたえ 3まい

考え方 ❶ ②2種類が混じっている絵から、それぞれの数を数え、りんごとみかんのどちらが多いかに注意して問題をつくります。
❷ ケーキの絵が先に出ていますが、「5−8」と書かないように注意させましょう。

27. 5 のこりは いくつ ちがいは いくつ 27ページ

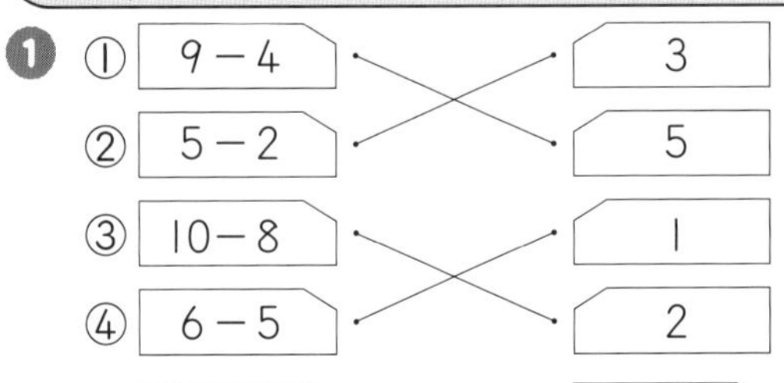

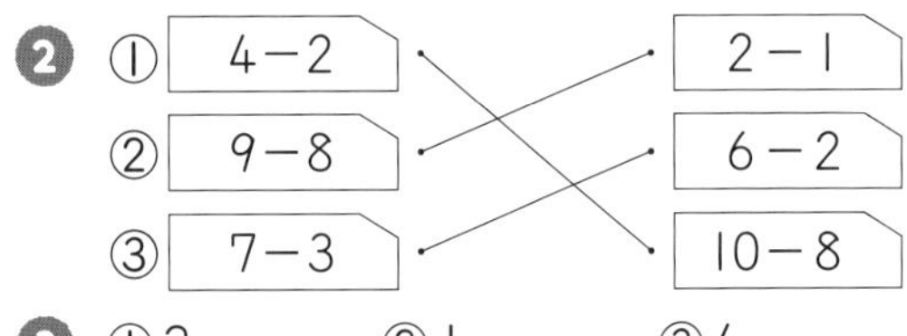

❸ ①3 ②1 ③4

考え方 ❶ たし算カードと同様に、ひき算の基礎練習として、ひき算カードを有効に利用しましょう。
❷ それぞれ、カードの横に答えを書いておくと、やりやすくなります。
❸ 答えが5になるひき算はいく通りもあります。「10−5」、「9−4」、「8−3」、…と順に唱えさせてみましょう。

28. 5 のこりは いくつ ちがいは いくつ 28ページ

❶ ①2 ②4
③1 ④6
⑤0 ⑥8

❷ しき 7−5=2
こたえ 2ひき

❸ しき 9−8=1
こたえ えんぴつが 1ぽん おおい。

考え方 ❷ 全体から部分を求める求部分(求補)というひき算にあたります。この場合もひき算を使って答えを求めますが、これまでと違って、「のこりは いくつ」のような言葉が見当たらないので、少しとまどうかもしれません。おはじきなどを使って、全体からどの部分をひくかということを理解させます。
❸ 違いを出すためにひき算を用います。ひき算をどんな場合に用いるのか、ここでもう一度確認しておきましょう。答えは、きほんのドリルで学習したように、「どちら」が「いくつ」多いという2つの要素をもらさず答えられるようにします。

おうちのかたへ たし算のときと同様に、文章題の答えには、単位を忘れずにつけることを確認させましょう。
また、❸のような求差の問題は、子どもにとって「ひく」というイメージに結びつきにくいため、ひき算の式を立てにくいようです。このような場合は、おはじきやブロックなどを用いてイメージをつかませ、ひき算の式に表して答えが求められるようにしてあげましょう。

29. 10までの かず/いくつと いくつ なんばんめかな 29ページ

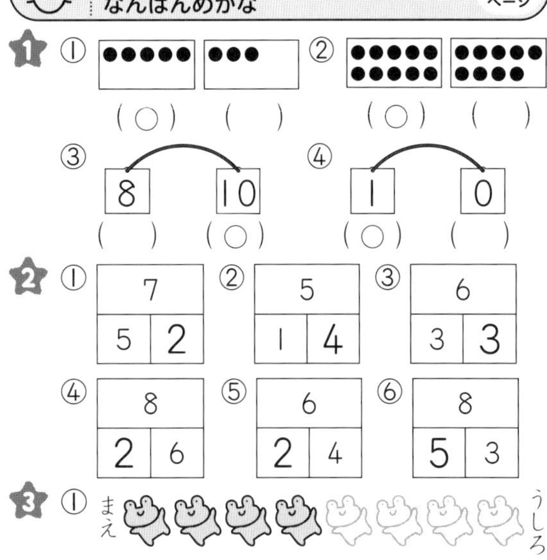

させます。

30. あわせて　いくつ　ふえると　いくつ　30ページ

1 ①5　②10
③5　④9
⑤6　⑥0

2 ① 2+7　② 4+6　③ 5+1　④ 3+4

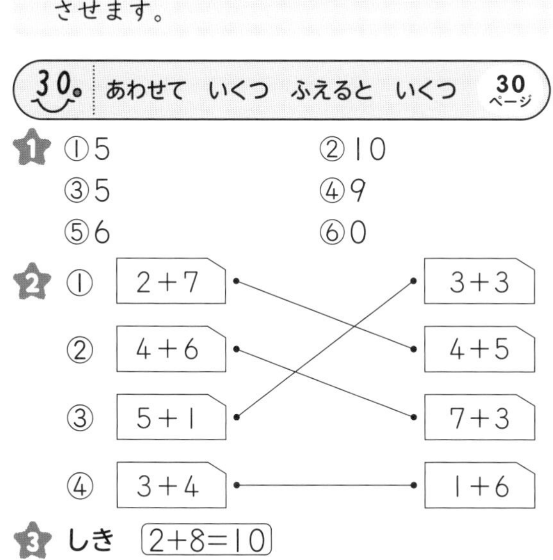

3 しき 2+8=10

こたえ 10ぽん

考え方 1 ③、⑥0のたし算です。どんな数に1つもない0をたしても数は増えないことを、もう一度、確かめましょう。

おうちのかたへ 3 テストのページでは、文章題の解答欄にはあえて単位を入れていません。「まい」や「ほん」などの単位は正しく使い分けさせたいですが、「○つ」と「○こ」は、どちらを使ってもまちがいではありません。

31. のこりは　いくつ　ちがいは　いくつ　31ページ

1 ①4　②5
③2　④6
⑤0　⑥6

2 ① しき 9−4=5

こたえ 5こ

② しき 8−5=3

こたえ うさぎが　3びき　おおい。

考え方 1 ⑥0のひき算です。たし算同様、0のひき算についても、ここでしっかり身につけさせてください。

おうちのかたへ 10までの数のひき算はここで終わり、次は2けたのひき算になります。どんな問題のときにひき算をするのか、しっかりと理解させておきましょう。

32. 6　いくつ　あるかな　32ページ

1 ①みぎ
②6
③ばす
④でんしゃ

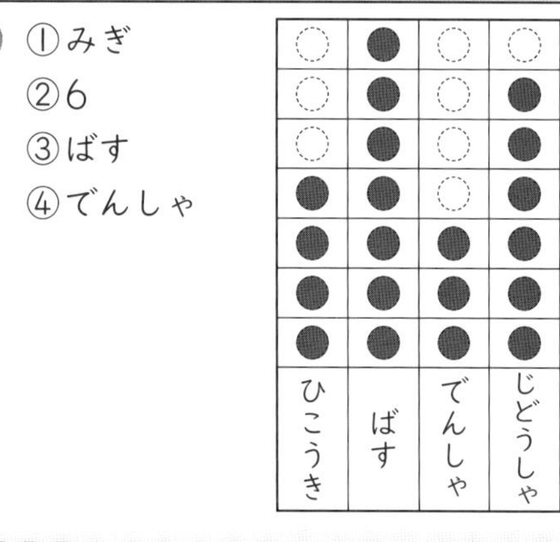

考え方 グラフにすることによって、量の多い少ないが一目でわかります。このグラフを見て、どの乗り物がいちばん多いかいちばん少ないか、また何番目に多いかを読み取らせましょう。

33. 7　10より　おおきい　かずを　かぞえよう　33ページ

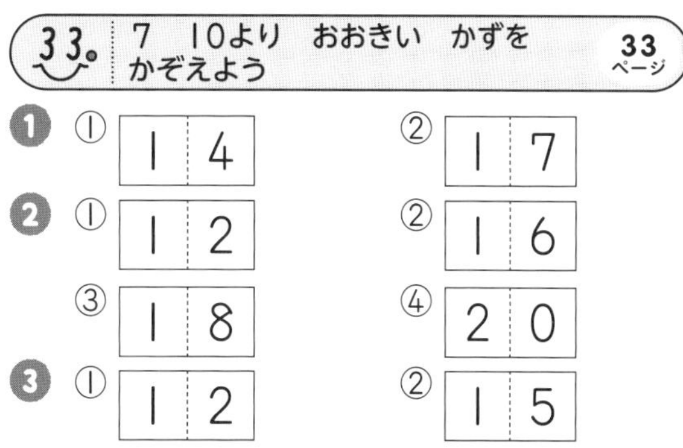

1 ① 1 4　② 1 7

2 ① 1 2　② 1 6
③ 1 8　④ 2 0

3 ① 1 2　② 1 5

考え方 10をこえる数について、「10といくつ」という数の構成を理解させます。10のまとまりとばらに分けて考えさせます。

34. 7　10より　おおきい　かずを　かぞえよう　34ページ

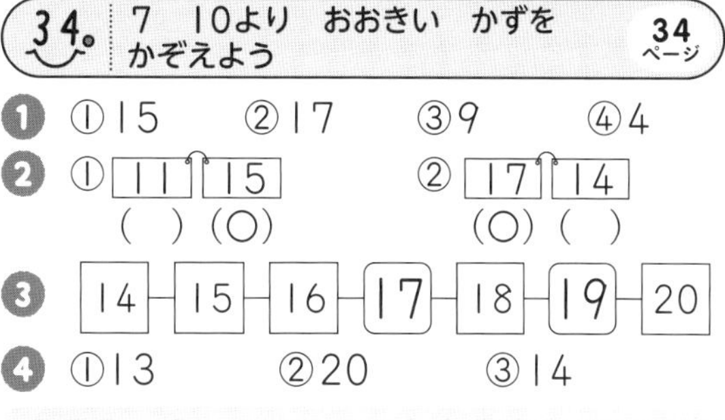

1 ①15　②17　③9　④4

2 ① 11　15
(　)(○)
② 17　14
(○)(　)

3 14−15−16−17−18−19−20

4 ①13　②20　③14

考え方 1 20までの数の構成(合成)です。10といくつで何になるか理解させます。
2 数の大きさ比べです。
4 数直線を見ながら、□にあてはまる数を見つけていきます。

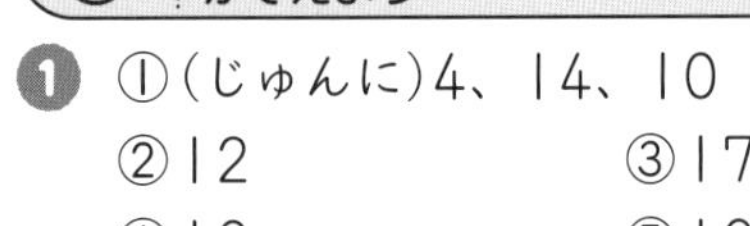

かぞえよう

❶ ①(じゅんに)4、14、10
②12　③17
④10　⑤10

❷ ①13　②10
③15　④10
⑤19　⑥10

考え方 10といくつのたし算と、十いくつからいくつをひいて10になるひき算の計算です。
❷「十いくつ」が10と端数であることを、たし算、ひき算で確認させます。

36. 7 10より おおきい かずを かぞえよう　36ページ

❶ しき [11]+[4]=[15]
こたえ [15]こ

❷ しき [16]−[3]=[13]
こたえ [13]こ

❸ ①16　②18
③18　④14
⑤11　⑥13

考え方 十いくつといくつのたし算は、たされる数を10といくつに分けて、一の位の数どうしのたし算を先にします。
十いくつといくつのひき算は、ひかれる数を10といくつに分けて、一の位の数どうしのひき算を先にします。

37. 7 10より おおきい かずを かぞえよう　37ページ

❶ ①27　②30

❷ (じゅんに)2、8、28

考え方 ❷ たくさんあるときは、10ずつまとめると数えやすくなります。
まず、10個ずつ線で囲み、10のまとまりの数とばらの数を数えさせます。

かぞえよう　38ページ

❶ ①19　②24

❷ ① [11] [13]　( )(○)
② [15] [12]　(○)( )

❸ 0 [2] 5 [7] 10 [13] 15 [17] 20

❹ ①16　②18
③19　④10
⑤13　⑥14

考え方 十進法の原理の基本的な理解ができているかを確認しましょう。
❷ 数の大きさ比べです。
❸ 数直線を見ながら、□にあてはまる数を見つけていきます。

おうちのかたへ 10以上20未満の数が、すべて「10といくつ」という構成になっていることを理解しておくと、20以上の大きな数を学習するとき、容易に移行することができます。しっかり理解させましょう。

39. 8 なんじ なんじはん　39ページ

❶ ①4じ　②4じはん　③5じ

❷ ①　②

❸ あ　い

(○)　(　)

考え方 「～時」と「～時半」の時計が読めるようになることが目標です。短針が「時」を表すことを理解し、長針が「～時」のとき12、「～時半」のとき6を指すことを確認させましょう。

40. 9 かたちあそび 40ページ

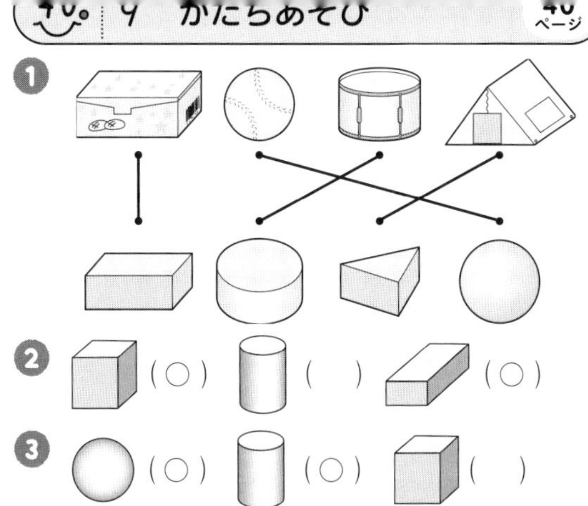

考え方 ❶ 身のまわりのいろいろな物の形を観察し、立体図形の特徴などを学習します。立体図形の典型的な形(直方体、三角柱、円柱、球)を覚えられるようにします。

❷ 立体図形の特徴を、経験から予想して答えられるようにします。

❸ 立体図形の特徴を、視覚的に判断できるようにします。

41. 9 かたちあそび 41ページ

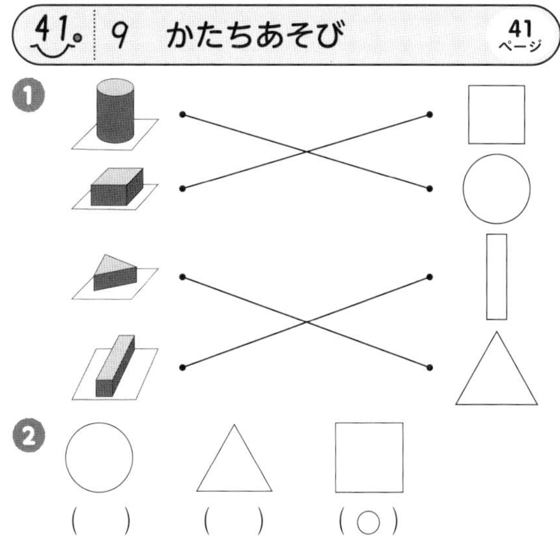

考え方 それぞれの立体を、上、下、横から見るとどんな形になるかを観察させます。

42. 10 たしたり ひいたり してみよう 42ページ

❶ しき 6+4+3=13 こたえ 13ひき

❷ しき 8−2−4=2 こたえ 2こ

❸ ①15 ②16
③3 ④8

考え方 ❶ 2回増加するものについては、1回目のたし算の答え(和)に、2回目のたし算をすることを理解させましょう。

❷ 2回減少するものについては、1回目のひき算の答え(差)に、2回目のひき算をすることを理解させましょう。

❸ 3つの数のたし算とひき算の練習です。左から順に計算していけばよいことを確認します。

43. 10 たしたり ひいたり してみよう 43ページ

❶ しき 8+2−4=6 こたえ 6ぴき

❷ しき 8−4+3=7 こたえ 7まい

❸ ①8 ②8
③13 ④4
⑤12 ⑥15

考え方 ❶ 3つの数の計算で、たし算の後にひき算という計算です。問題に合わせて順序よく計算します。

❷ 3つの数の計算で、ひき算の後にたし算という計算です。

❸ 3つの数のたし算、ひき算の混じった計算です。たし算とひき算が混在していても左から順に計算していきましょう。

44. 11 たしざん 44ページ

❶ (じゅんに)1、2、12 こたえ 12こ

❷ ①2 ②2
③2 ④(じゅんに)2、12

❸ ①11 ②11

考え方 くり上がりのあるたし算です。10をつくることがポイントになります。10をつくるときは、まず、9と1、8と2、7と3、6と4、5と5の場合が確実にできるようにします。

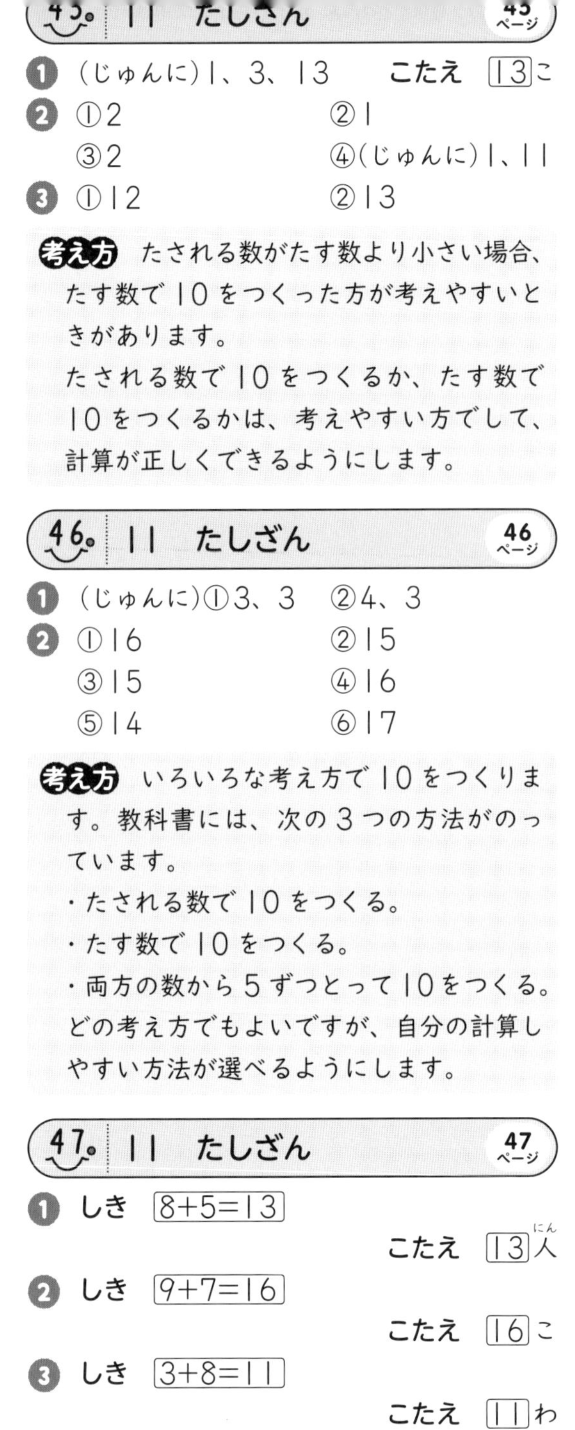

45. 11 たしざん 45ページ

1 (じゅんに)1、3、13　こたえ 13こ

2 ①2　②1
③2　④(じゅんに)1、11

3 ①12　②13

考え方 たされる数がたす数より小さい場合、たす数で10をつくった方が考えやすいときがあります。
たされる数で10をつくるか、たす数で10をつくるかは、考えやすい方でして、計算が正しくできるようにします。

46. 11 たしざん 46ページ

1 (じゅんに)①3、3　②4、3

2 ①16　②15
③15　④16
⑤14　⑥17

考え方 いろいろな考え方で10をつくります。教科書には、次の3つの方法がのっています。
・たされる数で10をつくる。
・たす数で10をつくる。
・両方の数から5ずつとって10をつくる。
どの考え方でもよいですが、自分の計算しやすい方法が選べるようにします。

47. 11 たしざん 47ページ

1 しき 8+5=13
こたえ 13人(にん)

2 しき 9+7=16
こたえ 16こ

3 しき 3+8=11
こたえ 11わ

4 ①12　②17
③12　④14

考え方 1は「みんなで」、2は「ぜんぶで」、3は「あわせて」ということから、たし算となります。式の書き方と答えの書き方を確認しておきます。

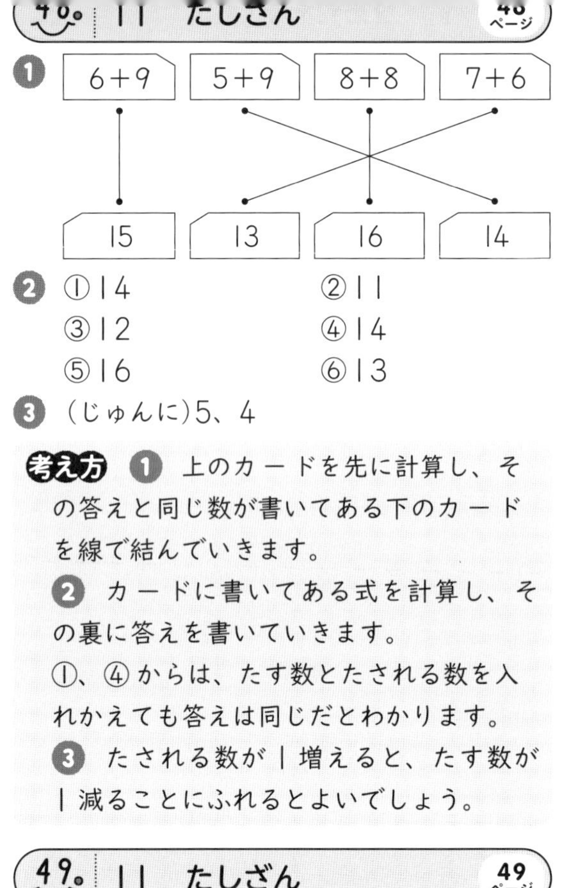

48. 11 たしざん 48ページ

1

2 ①14　②11
③12　④14
⑤16　⑥13

3 (じゅんに)5、4

考え方 1 上のカードを先に計算し、その答えと同じ数が書いてある下のカードを線で結んでいきます。
2 カードに書いてある式を計算し、その裏に答えを書いていきます。
①、④からは、たす数とたされる数を入れかえても答えは同じだとわかります。
3 たされる数が1増えると、たす数が1減ることにふれるとよいでしょう。

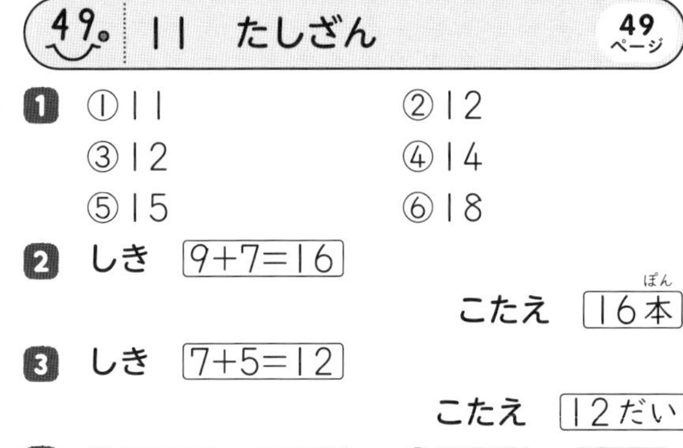

49. 11 たしざん 49ページ

1 ①11　②12
③12　④14
⑤15　⑥18

2 しき 9+7=16
こたえ 16本(ぽん)

3 しき 7+5=12
こたえ 12だい

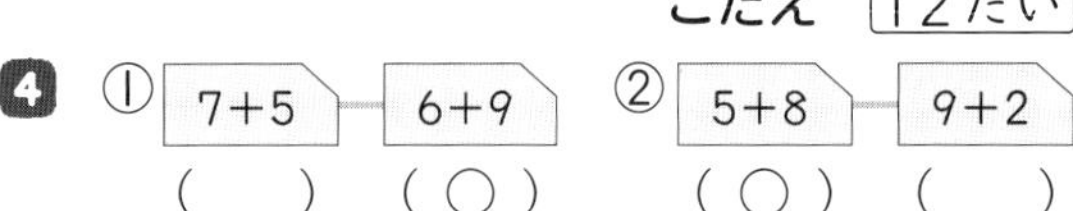

4 ① 7+5 ( )　6+9 (○)　② 5+8 (○)　9+2 ( )

考え方 2、3「あわせて」「ぜんぶで」の問いに注意を払わせましょう。

おうちのかたへ くり上がりのあるたし算が確実にできるようにしておきましょう。そのために、カードの利用などのゲームの要素を取り入れるのも理解を深める1つの方法です。

50. 12 ひきざん 50ページ

❶ (じゅんに)1、4　こたえ 4こ

❷ ②4　③2

④(じゅんに)4、6

❸ ①8　②6

考え方 くり下がりのあるひき算です。ひかれる数を10といくつに分け、10からひく数をひいて、その答えを出します。

くり下がりのあるひき算では、10といくつの分解がスムーズにできることがポイントになります。

❸ ①16−8=(10+6)−8

=(10−8)+6=2+6=8

という形で、〰線部で10といくつの分解が使われます。

51. 12 ひきざん 51ページ

❶ しき 11−3=8

②10　③8　こたえ 8こ

❷ しき 12−4=8

こたえ 8まい

❸ ①9　②9

③8　④8

考え方 くり下がりのあるひき算で、ひく数の分解をして、その答えを出します。

くり下がりのあるひき算の解法には、減加法と減々法の2通りがあります。

減加法とは、きほんのドリル50.の方法、減々法とは、このきほんドリル51.の方法です。

減加法を中心に展開することになりますが、ひかれる数が小さいときには、減々法のほうがわかりやすいときもあります。どちらの考え方でもできるようにしておくとよいでしょう。

52. 12 ひきざん 52ページ

❶ (じゅんに)①5、3　②10、2

❷ ①8　②7

③9　④8

⑤6　⑥7

考え方 ❶ きほんドリル51.に書いたように、①は減加法、②は減々法です。自分に合った考え方で計算ができるようにしておきたいです。式に表すと、

①は、13−5=(10+3)−5

=(10−5)+3=5+3=8

②は、13−5=13−(3+2)

=(13−3)−2=10−2=8

となります。

53. 12 ひきざん 53ページ

❶ しき 13−8=5

こたえ いぬが 5ひき おおい。

❷ しき 11−8=3

こたえ おんなの子が 3人 おおい。

❸ ①2　②9

③5　④9

考え方 ❶、❷ どれだけ多いか(求差)は、ひき算を使って求めます。ひき算の式は、大きい数から小さい数をひくことに注意させましょう。

54. 12 ひきざん 54ページ

❶

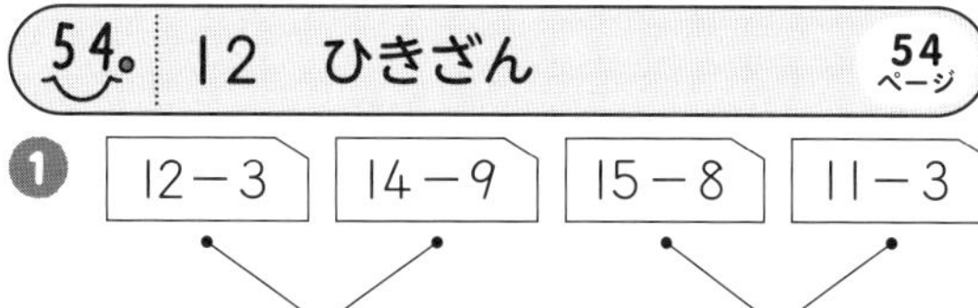

❷ ①8　②8

③7　④7

⑤9　⑥9

❸ (じゅんに)8、7

考え方 ❶ 答えをカードの横に書いて調べさせます。

❸ 答えが同じになるひき算です。ひかれる数が1減ると、ひく数も1減ります。ひかれる数が1増えると、ひく数も1増えることにふれてもよいでしょう。

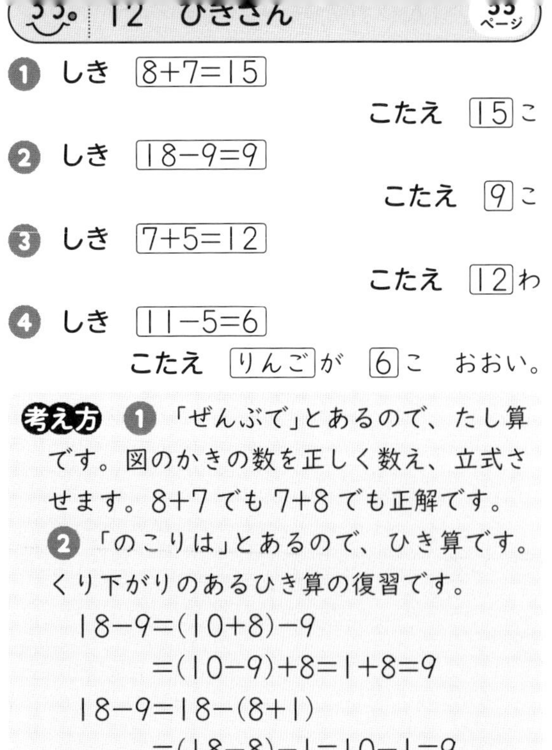

55. 12 ひきざん 55ページ

❶ しき 8+7=15

こたえ 15こ

❷ しき 18−9=9

こたえ 9こ

❸ しき 7+5=12

こたえ 12わ

❹ しき 11−5=6

こたえ りんごが 6こ おおい。

考え方 ❶「ぜんぶで」とあるので、たし算です。図のかきの数を正しく数え、立式させます。8+7 でも 7+8 でも正解です。

❷「のこりは」とあるので、ひき算です。くり下がりのあるひき算の復習です。

18−9=(10+8)−9
　=(10−9)+8=1+8=9

18−9=18−(8+1)
　=(18−8)−1=10−1=9

❹「どちらが　なんこ　おおいですか」(求差)は、ひき算で求めます。5−11 と立式しないよう注意させましょう。

56. 12 ひきざん 56ページ

❶ ①4　②8
③6　④9
⑤8　⑥7

❷ しき 12−7=5

こたえ 5こ

❸ しき 16−8=8

こたえ あめが　8こ　おおい。

❹ ① 14−5（○）　16−8（　）
② 14−9（　）　15−9（○）

考え方 ❷は残りを求める求残、❸は差を求める求差の問題です。

❹ くり下がりのあるひき算と、答え(差)の大小がわかるか確認します。

おうちのかたへ くり下がりのあるひき算が正しくできるようにします。また、文章題にも慣れ、式の書き方や答えの書き方にもとまどわないようにしておきましょう。

57. 13 くらべてみよう 57ページ

❶ (○をつけるのは)
①い　②あ　③い　④い

❷ (○をつけるのは)あ

考え方 ❶ 長いと判断した理由をそれぞれ答えさせます。①は、左端がそろえてあるので、右端を見て答えることになります。並べて比べることができないものは、③、④のようにテープなどをあてて、長さをテープにおきかえる方法があることを理解させます。このようにすれば、どのような長さも比べることができることに気づかせます。

❷ □1 個分を単位と考えて、□何個分かで長さを比べます。

58. 13 くらべてみよう 58ページ

❶ ①い　②あ

❷ ①あ7　い6　う9
②う

考え方 ❶ かさ比べの 2 つの方法を示しています。

②は、形の違う容器に水を満たし、同じ容器にそれぞれ移したときの水面の高さによって、容器のかさを比べます。

❷ かさ比べをするとき、コップ 1 杯分を単位と考えて、その何杯分かで比べればよいことに気づかせます。

59. 13 くらべてみよう 59ページ

❶ ①あ　②い　③い
④い　⑤あ

考え方 ❶ 広さ比べです。①、②は、重ね合わせることによって比べます。③、④では、□の数をそれぞれ数えて比べ、□でいくつ分違うかで確かめられます。⑤では、三角形の板をそれぞれ数えます。

60. なんじ　なんじはん／かたちあそび　60ページ

1 ①11　②17
③19　④17
⑤10　⑥14
⑦13　⑧12

2 ①8じ
②7じはん（7じ 30 ぷん）
③5じはん（5じ 30 ぷん）

3

考え方 1 10といくつという構成に着目したたし算とひき算です。
3 球、円柱、立方体、直方体の形を、具体的なものと照らし合わせて学習します。

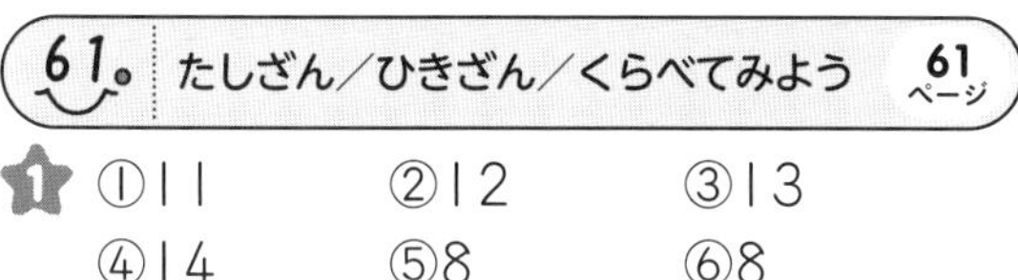

61. たしざん／ひきざん／くらべてみよう　61ページ

1 ①11　②12　③13
④14　⑤8　⑥8
⑦7　⑧9

2 しき　16−9=7
こたえ　あきらさんが　7かい　おおく　とんだ。

3 あ
4 あ

考え方 4 単なる長方形ではなく、このような複雑な図形であっても、□の数を数えて、広さの違いを見つけさせましょう。

おうちのかたへ 3 2つのものの長さを比べるときには、一方の端をそろえるようにします。
また、2つのものが重ねられないときは、ものさし、テープなどに写しとって長さを比べます。
このように、単に見比べるのではなく、数に置きかえるなどした方が正確であることを理解させます。mm、cm、mといった長さの単位の学習に入る前の土台作りです。

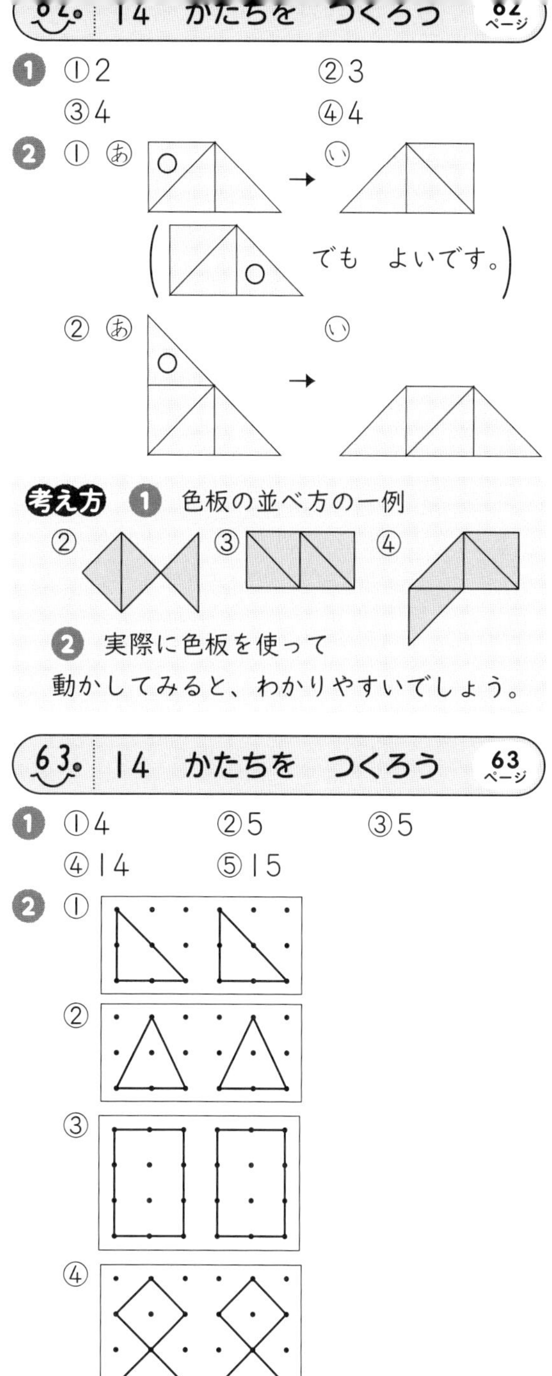

62. 14 かたちを　つくろう　62ページ

1 ①2　②3
③4　④4

2 ① あ → い
（　でも　よいです。）
② あ → い

考え方 1 色板の並べ方の一例
②　③　④
2 実際に色板を使って動かしてみると、わかりやすいでしょう。

63. 14 かたちを　つくろう　63ページ

1 ①4　②5　③5
④14　⑤15

2 ①
②
③
④

考え方 1 ④、⑤のように、棒の数が多くなると数えまちがうことがあるので、数えるときに、棒１つ１つに数えた印をつけさせましょう。

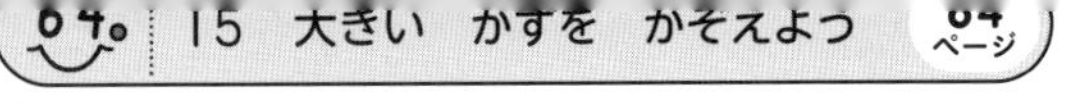

64。 15 大きい かずを かぞえよう 64ページ

❶ ①(じゅんに)2、6、26
②(じゅんに)3、0、30

❷ ①(じゅんに)2、5
②(じゅんに)3、8

考え方 ❶ 十の位、一の位という用語を覚えます。箱のへやには十の位の数を、ばらのへやには一の位の数を書きこませます。十の位は10の集まりを、一の位は1の集まりを表しています。
❷ それぞれの数字が何の位を表しているのかを理解させます。

65。 15 大きい かずを かぞえよう 65ページ

❶ ① 4 3　　② 5 0

❷ ①97　②80　③7
④(じゅんに)4、9

❸ ①20　②(じゅんに)5、0

考え方 ❶ 十の位は左、一の位は右という位置関係をしっかり確認させます。一の位に1つもないときは、0と書きます。
❷ 十の位、一の位の数から全体の数を求めたり、全体の数の十の位、一の位がそれぞれいくつからできているかを考えます。
❸ ①「十のくらいが2」というのは、「10の集まりが2こ」です。表現に気をつけて、2けたの数を正しく書けるようにしましょう。

66。 15 大きい かずを かぞえよう 66ページ

❶ 100

❷ ①100
②100

❸ ①－51－52－53－54－55－
②－90－89－88－87－86－
③100
④70

考え方 10が10こで100になることを、❶、❷を通して理解させます。
❸ ③のように10を単位にしている場合は、たとえば、70、80、90、…のように10とびに数を考えます。
④はたし算、ひき算の考え方で答えを出してもよいのですが、100までの数の計算は未習です。ここでは、100、90、…と10とびの数を順に書かせて、100より30小さい数を見つけさせるのが適切です。

67。 15 大きい かずを かぞえよう 67ページ

❶ 1 1 3

❷ ① 1 2 0　　② 1 0 4
③ 1 1 1　　④ 1 1 8

考え方 100より大きい数の存在は、日常の生活の中で、すでに知っていることでしょう。100より大きい数については、120くらいまでの数を扱います。ここでは、そのような数に関心をもたせるとともに、値段などの身近なものが読めるようになることが目標です。

68。 15 大きい かずを かぞえよう 68ページ

❶ (じゅんに)3、4、7、70、70

❷ **しき** 50+10=60　　**こたえ** 60こ

❸ ①80　②70
③80　④100

考え方 (何十)+(何十)の計算です。
❶ 10のまとまりで考えると、3+4=7になり、70だとわかります。
このような計算は、十円玉で考えれば、(十円玉が)3+4=7(個)より、十円玉が7個分で70円と考えることができ、1けたの数どうしのたし算で解決できます。
このように日常によく出てくる範囲内での計算が、ここで扱われています。
❷ 「合わせていくつ」の考え方で、たし算の式を立て、答えを出します。

69. 15 大きい かずを かぞえよう 69ページ

❶ ①1
②(じゅんに)1、8
③(じゅんに)8、28
④28

❷ しき [32+6=38]　こたえ [38]ぴき

❸ ①29　②47
③86　④69

考え方 一の位の数どうしを計算します。
❶ 何十いくつといくつのたし算を通して、2けたの数のしくみがわかるようにします。

70. 15 大きい かずを かぞえよう 70ページ

❶ (じゅんに)5、2、3、30、30

❷ しき [40−10=30]
こたえ [30]まい

❸ ①10　②20
③30　④90

考え方 (何十)−(何十)の計算です。10がいくつになるかを考えます。❶では、10の束が5つあり、2つとるので、残りは3つで、30となります。

71. 15 大きい かずを かぞえよう 71ページ

❶ ①6
②(じゅんに)6、2
③(じゅんに)2、22
④22

❷ しき [29−7=22]　こたえ [22]本(ほん)

❸ ①34　②72
③52　④92

考え方 一の位の数どうしを計算します。
❶ 何十いくつといくつのひき算を通して、2けたの数のしくみを理解させます。

72. 15 大きい かずを かぞえよう 72ページ

❶ 84

❷ ①(じゅんに)8、2　②3
③81　④40

❸ しき [7+22=29]　こたえ [29こ]

③78　④60

おうちのかたへ 100までの大きな数の順序、構成をきちんと整理しておきます。数が大きいので、じっくりと取り組ませましょう。

73. 16 なんじなんぷん 73ページ

❶ (じゅんに)10、35

❷ ①8じ30ぷん(8じはん)
②5じ15ふん
③7じ35ふん
④1じ43ぷん

考え方 長針がさす時計の数字の1が5分、2が10分、…を表していることを理解させ、何分の目もりが読めるようにします。

74. 16 なんじなんぷん 74ページ

❶ ①　②
③　④

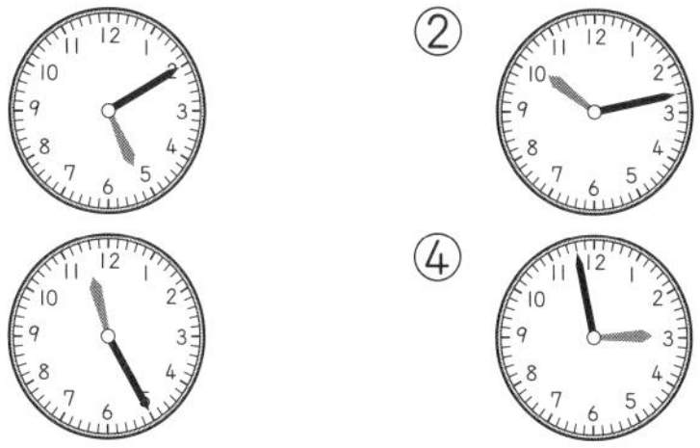

❷

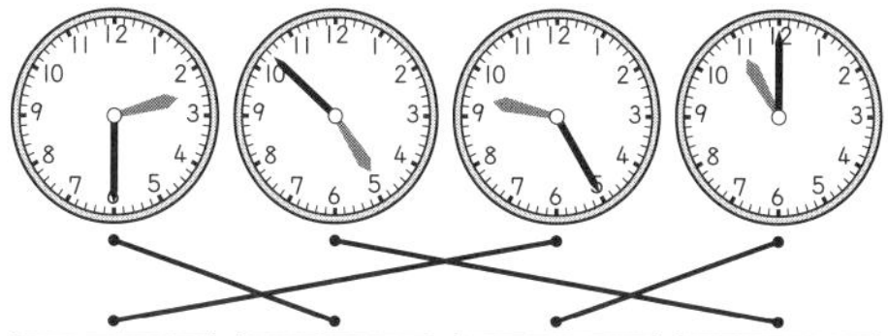

9じ25ふん　2じ30ぷん　11じ　4じ52ふん

考え方 ❶ 長いはりをかいて、時刻を表します。長いはりが小さい目もりを正確にさせるようにします。

75. 17 たすのかな ひくのかな ずに かいて かんがえよう 75ページ

❶ (じゅんに)4、8
しき [4+8=12]
こたえ [12]ひき

❷ しき [7+5−1=11]
こたえ [11]人(にん)

❸ (じゅんに)15、8
しき [15−8=7]
こたえ [7]こ

考え方 ❶ まず、前から、後ろからと指示された位置を図でしっかり確認させます。その後の順番においても、図をよく見て、しるしをつけて考えさせます。

❷ 次のような図をかいて考えさせます。

左から7ばん目

左 ●●●●●●●●●●● 右

右から5ばん目

11人

76. 17 たすのかな ひくのかな ずに かいて かんがえよう 76ページ

❶ うま ●●●●●●●●
うし ●●●●●●●●●●●●●

しき 8+5=13

こたえ 13とう

❷ 赤 ●●●●●●●●●●●●
白 ●●●●●●●●

しき 12−4=8

こたえ 8こ

❸ 2+2+2+2=8

こたえ 2こ

考え方 ❸ まず、同じ 4 つの数のたし算をします。この計算は、1 つ分の数が 2 こで、それが 4 つ分あると考えます。

77. 18 かずしらべ 77ページ

❶ ①ねこ 6
ぶた(じゅんに)6、5、5
いぬ(じゅんに)5、9、9
うさぎ(じゅんに)9、7、7
②みぎ
③4まい

シール(しーる)の かず

ねこ	ぶた	いぬ	うさぎ
		○	
		○	
		○	○
○		○	○
○	○	○	○
○	○	○	○
○	○	○	○
○	○	○	○
○	○	○	○

78. なんばんめかな／10より おおきい かずを かぞえよう／かたちあそび 78ページ

★1 ① まえ  うしろ

② まえ うしろ

こたえ 15人(にん)

★3 しき 15−4=11

こたえ 11まい

★4 ①6 ②2

考え方 ★4 身近な物で、円柱と直方体の違いを学習します。機関車が、どんな形の立体図形から構成されているか理解し、その数を確認させます。

79. たしたり ひいたり してみよう たしざん／ひきざん／くらべてみよう 79ページ

★1 ①14 ②12
③6 ④3
⑤14 ⑥2

★2 しき 6+2−3=5

こたえ 5わ

★3 8+8 ( ) 6+7 (○) 9+5 ( ) 4+6 ( ) 8+5 (○)

★4 ㋑

おうちのかたへ これまで学習してきた、たし算・ひき算の問題を取り上げています。たし算・ひき算は大切なので、まちがえたところがあれば、理解できるように、きほんのドリルを含めてもう一度復習させておきましょう。3 つの数のたし算やひき算では、計算のしかたとして、たとえば、★1⑥は、10−5=5、5−3=2というように 2 式に分けて考えてもいいです。

80. 大(おお)きい かずを かぞえよう／なんじなんぷん たすのかな ひくのかな ずに かいて かんがえよう 80ページ

★1 ①90 ②50
③49 ④72

★2 ①9じ 30 ぷん(9じはん)
②3じ 50 ぷん
③1じ 17 ふん

★3 しき 11−6=5

こたえ 5人

考え方 ★3 「前から 6 番目までの人数は 6 人」と考えて、11−6(人)と立式します。